贤妻&女汉子
——养成记——

（美国）
珍妮弗·吉尔胡尔
（Jennifer Gilhool）◎著

温媚怡◎译

SHERYL SANDBERG, CHINA & ME

SPM
南方出版传媒
广东经济出版社
·广州·

图书在版编目（CIP）数据

贤妻＆女汉子养成记／（美）珍妮弗·吉尔胡尔（Jennifer Gilhool）著；温媚怡译．—广州：广东经济出版社，2016.9
ISBN 978－7－5454－4773－6

Ⅰ．①贤…　Ⅱ．①珍…②温…　Ⅲ．①女性－成功心理－通俗读物　Ⅳ．①B848.4－49

中国版本图书馆 CIP 数据核字（2016）第 205251 号

出 版 人：姚丹林
责任编辑：陈念庄　黄　炘

出版发行	广东经济出版社（广州市环市东路水荫路 11 号 11～12 楼）
经销	全国新华书店
印刷	东莞市翔盈印务有限公司 （东莞市东城区莞龙路柏洲边路段）
开本	889 毫米×1194 毫米　1/32
印张	16
字数	219 000 字
版次	2016 年 9 月第 1 版
印次	2016 年 9 月第 1 次
印数	1～5000
书号	ISBN 978－7－5454－4773－6
定价	48.00 元

如发现印装质量问题，影响阅读，请与承印厂联系调换。
发行部地址：广州市环市东路水荫路 11 号 11 楼
电话：（020）38306055　37601950　邮政编码：510075
邮购地址：广州市环市东路水荫路 11 号 11 楼
电话：（020）37601980　营销网址：http://www.gebook.com
广东经济出版社新浪官方微博：http://e.weibo.com/gebook
广东经济出版社常年法律顾问：何剑桥律师

献词

我很幸运的是，在我身边有这么一些优秀的男人和女人。然而，如果离开了我生命中最重要的两个男人，我就不会在这次旅途中意识到我能够重新支配自己的思想和生活。

至于我的父亲和我的丈夫，当然了，还有我那三个小淘气鬼，给我带来了更多的快乐，这都是我值得拥有的。

自序

我从没想过会在这里分享我的故事，也从没预料到自己会移居到中国。但是，我确实带着我的丈夫、三个孩子和一只狗狗搬到中国来了。之前我也在博客上分享了我们家庭的“旅途经历”，我会让我的家人们及时得到来自他们的孙子孙女、表兄弟姐妹、侄子侄女的最新消息。

我的家人和我的朋友们，跟他们的朋友和他们的家人都分享我的文章。随后，谢丽尔·桑德伯格发表了《向前一步》的著作。一些评论员批评桑德伯格女士，批评她建议妇女们“向前一步”，用更大的勇气去对待她们的工作。其他人则暗示桑德伯格女士忽略了“底薪阶层”这个问题。并且，一些评论员甚至暗示着桑德伯格女士没有站在深入讨论的角度去看问题，因为她“太”成功了，而且她还有“太多”资源让她在妇女的问题上和工作场所的平等上的处理取得信任。

谢丽尔·桑德伯格没有站在普通民众的立场去讲述

她的故事，因为她太成功了。好吧，我想，如果是这样的话，那么也许我应该把我自己的故事讲出来。我不是谢丽尔·桑德伯格，但早在这个词被创造出来之前，我已经做到了“向前一步”。

格洛丽亚说过，任何一种民族主义运动至少要花100年的时间，而我们仅仅用了50年的时间就开展女权主义运动。因此，考虑到这一点，我决定分享我的故事。为什么？因为我有女儿和侄女们，我希望将来有一天我也会有孙女。同时，我有一个儿子和侄子，如果我幸运的话，我将来也许还会有一个孙子。

我的故事讲述的是一位普通的妇女，她为了她的事业，而将全家移居到中国。我看到她的事业面临着瓦解，或许她觉得瓦解的还包括她的生活。这则故事是通过真实的博客文章而展开的。这是不争的事实。我决定不进行自我审查，因为我想分享自己的原生情感，试图平衡家庭和职业之间的竞争关系，就像我为自己设置了路障和别人为我设置的路障一样。

这是我的故事。也许，这也是我们共同的故事。

序　言

开篇

啊，这不是真的开始，也许这是中段，我也想把它放在结尾。

当每天凌晨3点钟醒来时，我能想到的只有龙舌兰酒。事实上，我甚至不喜欢龙舌兰酒。尽管如此，此时此刻钻进我脑海里的唯一想法，那就是复合药片和龙舌兰酒。需要多少龙舌兰酒才能抵得过这房子里所有的止痛片、安眠药和其他各种各样的处方药，来保证我美美地睡上一觉呢？正如在我盯着天花板的时候，相同的圈圈在我脑海里反复不断地旋转着。

当我登上飞机出差的时候，我就估算着，如果这架飞机撞毁了，并且我死了，人寿保险将会支付多少的理赔金额？当时，我环顾四周来确保飞机上没有太多的小孩，并且飞机不会满载，那么我就可以悄悄地祈祷着飞机撞毁。你们也许不想跟我同一架飞机。因为这是令人不安的，不是吗？

在近期我去澳大利亚的旅行中，我多次在悉尼海港大桥散步。这座桥足够高吗？海有多深呢，或者，海水会立即把我冲击得不省人事吗？如果有一些机会，让我的身体坠落，并撞击到渡船或者其他船只，后果会怎样呢？溺水身亡看起来是一种坏方法，你们觉得呢？

我并没有把这些想法公开地说出来。至少，一开始没有。但这些想法却在黑暗中潜在埋伏着，每天变得越来越黑暗，直到有一天，它变得势不可挡，介入到我的生活中去，他们问我："你真的认为，我们听不见你在洗澡的时候哭了吗？"

事实上，是的。

所以这种蜕变开始了，正式上演。

关于蜕变

我希望我的蜕变只是一种简单的过渡反应。对于在办公室里难熬的一天、一周或者一个月，又或者移居到中国，比我预期的过渡反应更为艰辛，但那不会是真的。我开始并不清楚，到后来我才对一些事情做出了反应，这些事情与中国之行和工作无关。过了数月之后，我才渐渐明白。

这是一则真实的故事，一则强迫自己忘我地工作，并不断提升自己的综合素质来适应管理层体系的故事。如今，谢丽尔·桑德伯格也许会说这是我的另一则《向前一步》的故事。但是，当我开启这个旅程的时候，谢丽尔·桑德伯格和她的著作《向前一步》还没出现在公众关注的地方呢。

我的故事不仅仅是关于办公室的事情，还从我内心里的心魔和缺乏安全感的角度来叙述。每一个人都有心魔并且多多少少会缺乏安全感，每个人都有秘密，就看你怎么去处理它们，而这决定着最终结果。

这是关于自我觉悟的故事；这是关于一位妇女克服了种种困难，并在这过程中几乎迷失了自己的故事；这是关于一位妇女废寝忘食地埋首于她的工作并且几乎深陷其中的故事；这是关于一位妇女通过她的生活经历和她在事业奉献上的交汇，从而去发现自己、发现她的目标和价值的故事。

这一切的发生，就在移居到中国后发生的故事。

目录

第一部分：一个美国家庭移居到中国

五个人的中国之旅

2011 年 8 月

从底特律到上海

千里之行，始于足下。——老子

如果你要乘坐达美航空公司的航班去上海，一个明智的选择就是去航空公司的服务柜台咨询。目前为止，我已经旅行了几次，尽管我不是亚瑟弗洛默（美国著名旅行家），我也不是新手。我知道的是，由于天气、驾驶舱的玻璃破裂和飞行机组的人员超出了他们的飞行限制，都可能会延迟航班数小时甚至数天。因此，我为了全家能够从美国搬来中国的这一段旅程能够顺利，我坚持乘坐直达航班。在我的家庭成员里，没有一个人中途到东京、首尔或者洛杉矶转机的，我只想直接抵达中国。

带着他们坐飞机，仅此一次。

嗯，这就是我的计划。

在10周前，我已经离开美国前往到中国上海的工作地方开展我的新工作。我带着我的丈夫杰克，我的三个孩子简（13岁）、亨利（10岁）和贝拉（9岁），还有一只狗狗里戈利，他们都在美国度过整个夏天。其中两位孩子从来没有坐过飞机，最小的孩子不断地问我，飞机有没有为乘客提供足够的降落伞（我想，她之前一定无数次地看过莱昂纳多和凯特主演的电影《泰坦尼克号》）。

带他们坐一次飞机吧。

按照国际旅行的条款和条件规定，旅游者到达机场两小时才安排出境，并安顿在了贵宾室里休息。幸运的是，登机的电子屏显示出准时出发的信息。一伙儿人坐下来，尝着曲奇饼，喝着碳酸饮料，舒适地玩起他们的苹果平板电脑。

正如我预测的那样，他们闻讯赶到登机口，然后却马上转身跑回来。漏水了。这位神经大条的九岁小姑娘必定在想着莱昂纳多在那艘受命运支配的邮轮上的画面，因为她在释放出自身那容易受触动的情绪。为了确定这场灾难的可能性，她坚持计算出降落伞的数量才愿意踏上那部航班。曲奇饼，爸爸最大的希望就是能够拥有更多的曲奇饼。

将近两小时之后，他们又被叫到登机口，然而这一次他们成功登上飞机了。对于第一次坐飞机的人来说，商务舱并不差，并且孩子们的注意力很快地被转移到了座位上的功能特性、用餐的选择和对电影的挑选中，他们的不安也随之减弱。然而令爸爸不安的是，他只想在飞机起飞前来一杯鸡尾酒，却久久未送到。果然，有人告诉我们，爸爸的那杯鸡尾酒被耽搁了。乘客们都被迫下了飞机。

带他们坐一次飞机吧。

首先，好消息是，这位九岁的小姑娘已经从哭泣转移到了愤怒情绪中。坏消息是，这又花了一小时他们才再一次登上飞机……然后再一次地下飞机。

好的，带他们坐一次飞机吧。

第三次终于成功了，当他们最后登上了飞机，他们被卡住了。随着他们被困在飞机里，在登机口坐了三小时。航班公司要更改飞行路线。所以，当然，这需要配备更多的燃料。燃料增加了重量，自然而然地，现在飞机超重了。为了减负，货物被移动到了飞机的“腹部”。正如我所料，这会使飞机不能保持平衡。直到后来，经过仔细、全面、精确地检查，在平衡方面得到了确保后，飞机终于顺利起飞了。

这班机也好不了多少。没有鸡尾酒，潮湿的鸡肉块，还有不友善的服务。如今在飞机上，他们仅仅想逃跑。比计划晚八个小时，终于抵达上海。

现在，我们只是需要把狗狗带到这里。

狗狗去上海

2011 年 8 月

上海

好吧，目前，或许你们也听说了，我们的狗狗里戈利是飞机的常客。由于这则故事里的内容每天都在变化着，里戈利已经从美国坐飞机飞到阿姆斯特丹，然后飞回美国，再然后去到中国。这则故事里提到，他是在 8 月 18 日或 19 日到这边的。

在他的旅途过程中，他的身份证明丢失了。然而如果中国人喜欢鸡蛋里挑骨头的话，那这下子，他们有事可做了。但是，里戈利仍然被限制在机场。他并没有意识到当地的海关将它隔离，这是最糟糕的情况。

从乐观的一面来说（但不完全乐观），我工作单位的行政部门和人力资源部门全面展开他们的网络工作，动用全部的关系去释放里戈利。我完全可以想象得出我们单位的员工组织了一次游行并且随身穿着 T 恤衫。多亏这帮同事的帮忙，我们才可以收到了里戈利的照片，来证明他是否过得幸福快乐。

里戈利或许能够获得释放，但动物协会与海关的特殊的关系（对我们来说不特殊）会引起一些不必要的关注。这种关系会允许你逃过检疫（我们未必能逃得过），并且可以在 24 小时内得到你们的狗狗（再次说明，不是我们）。我们不想另一个家庭的人像我们这样的方式来等待着，所以我们决定在没有特殊干预的情况下克服困难。

我们的狗狗——没有任何国籍或护照或病历——非常想念这里的一帮伙伴们。如果到时候我们和里戈利能欢乐地团聚在一起，我们就会发照片过去——让他的身影长存在你们的记忆里。目前为止，他有可能会有一个新的中文名字，也许他不再对英语名字做出回应，如果必须的时候，我们还是会应对好的！

“政治犯人”被释放

在上海，谣言如同野火一样正在四处传播——浦东区的“政治犯人”里戈利在早上晚些时候会被释放出来。今天早上，他那忠诚的支持者们保持低调地登上学校的巴士，试图让媒体陷入困境。同时，里戈利的首席顾问杰克·福克斯避开镜头，并拒绝就传闻发表评论。政府官员也不能够对此事评论。

两个星期后，里戈利回到家中！

中国是“天堂”亦是“地狱”

2011 年 9 月

上海

我已经注意到，我的埋怨和橄榄球俱乐部有直接的关系。中国的生活经历已经帮我去除了这种坏习惯了。

坏消息是我不能够观看圣母美式橄榄球的现场直播；好消息也还是我不能够观看圣母美式橄榄球的现场直播。今早我观看了一阵，对此感到彻底地厌恶。杰克正站在房子里如履薄冰（我们现在的教练来自中密歇根大学，杰克的母校，如果事情没有处理好的话，杰克将会承担过错。）

但是，我的抱怨水平降低至 1988 年橄榄球赛季的淡季（那是最后一次我们赢得了全国锦标赛冠军）。然后我想到一个直接的事情，我不想去观看搏击比赛，我想在未来这三年里，我们彻底地重返荣耀，这是对每个人最好的事。

既然我已经越说越远了，以下的文字为你们进行更新：

过山车会上去，因此，它也一定会下来。这是过去两周的总结，孩子们的适应期，还有这边的通讯信号等一切事情都步入了正轨。在上个星期，我和杰克在用完晚餐后，感觉良好，并且听到亨利谈论他怎样阻止敌方踢进两球，贝拉交了三位新朋友，还有简的戏剧老师是如此的酷，以致于简决定去尝试校园剧。我们感觉良好是因为我们有能力去如此灵活地熟知孩子们的转变，于是我们去往屋顶的露天平台，在那里品尝了一瓶葡萄酒，并且度过一个令人愉快的夜晚。

第二天早晨，宿醉冲昏头脑。三个孩子都跟我抱怨起，在中国没有他们自己的朋友，学校的生活很艰苦，有太多的家庭作业，我们也没有学习过中文，没有人跟我谈话或者跟我玩，老师们讨厌我，等等。甚至连狗狗也不开心，还拒绝去巴士站散步——可能是因为中国人说话声音太大了。

然而去巴士站还有很长一段路要走——这次没有带狗狗。这些小逃兵们自己秘密地谈论着，当他们走到瓦尔登和她丈夫面前。他们肯定在策划逃跑。

的确，简已经说出从她开始“有机会去中国看看”到“讨厌它”再到现在“渴望”立即返回美国。当然，另外两个孩子在跟她谈判安全通行的问题。我们不得不告诉阿姨（女管家）和司机必须时刻提高警惕。肖申克的“监狱逃跑计划”无疑在慢慢的酝酿中进行着。

坦白说，我跟杰克想的是，我们自己先前往美国，然后把这三位小逃兵和狗狗留在上海。

前面的两位小逃兵上了他们的“监狱巴士”，我们从第三位的口中得知了一些真相。“那么，学校真的那么差劲吗?”瓦尔登问。“不，我还是有一点喜欢学校的，”最小的逃兵回答道，并义无反顾地骑车去学校。

也许圣母橄榄球赛不是唯一让我抱怨的事情。

平心而论，从美国移居到中国来生活的过程的确是很难过渡的。而学校是特别困难的过渡的时期，因为这边的教学方式是如此的不同。在中国，学校的要求更高。

他们希望你对自己的行为负责，努力地去提高你的学习成绩，还有参加课外活动。这里没有任何填鸭式的灌输教育。

我们困惑于衣服的问题。我们的阿姨（爱丽丝）是非常能干的。她每天都洗衣服。如果你把衣服留下来，无论你需要与否，衣服都会被洗好，被烫平然后被放好。她烫好我的运动服，她就是这样的人。每天有人为你洗烫衣服的感觉真好，除了我们从来都不知道阿姨把我们的衣服放在哪里了之外。

每个早上，孩子们都到每一个可能的地方去寻找他们的校服——到烘干机里、在他们妹妹的抽屉里、在妈妈的衣柜里，在亨利的衣柜里或者干衣机里。有趣的是，最后每个人都能穿好衣服然后坐在巴士上（即使早上当你把衣服扔得到处都是）。然而，对孩子们来说，这无疑增加了来自学校的压力。每天早晨，当我们都经历这样的过程的时候，他们感觉到这并不像在家里那么轻松自如。

尽管如此，却不完全都是平淡乏味的苦差事。简已经跟她的朋友们花了一天的时间去寻找一个新的购物中心。亨利还要求需要有比我们原计划安排更多的玩耍时间，并且他成为社区游戏的领袖。他和贝拉还有其他孩子组织了一个团队，每天都在门前玩耍。贝拉在学校交了许多朋友，看起来适应得很好。

我们的网络告密工作比在美国的时候做得更好。这些小逃兵们并不是相互忠诚于对方。亨利在简的学校里监督着她，对瓦尔登来说是一大恩惠。亨利报告说简确实在巴士上跟其他孩子聊天，她确实有朋友，确实在学校里有笑脸迎人——甚至在体育馆锻炼的期间。

贝拉甚至是一位更好的告密者。根据她近期的报告，托比有问过简下周末是否有空，托比是一个帅小伙子！虽然他的国籍还没有得到证实，但我们相信这位年轻人来自澳洲。

简告诉我们这不是约会。他们只是朋友而已。但是，她请求我在周六的时候，帮她预约洗发和吹发，然后是修指甲和趾甲。她将在中午完成这些事情，然后消磨一个下午的时间去跟托比一起。

这已经证实了，偶尔使用带有巧克力酱的食物作为奖赏，例如，使用羊角巧克力面包，对这位小逃兵是非常管用的。

在这两个星期里，事情看起来进展得不错。这一周我就要去天津工作了。杰克载我到机场，然后我们朝着我们最爱的蓝调酒吧——棉花俱乐部走去。这是一个美好的晚上。

到了星期天，女孩们都换了新的发型，我们一起外出吃早餐，做完家务活后，就吃饺子和冰激凌，看着亨利踢足球，这又是美好的一天。

夜晚，亨利用网络电话跟他在美国的好朋友们聊了一小时，引起我们发笑的是，简拿着她的电话，在三层楼梯到屋顶之间跑上跑下的。

这断断续续、时有时无的网络和电话信号，对短信痴迷的简是一个阻碍。贝拉跟我们解释说，简跑到屋顶去查看留言并发短信给她的朋友们。贝拉指出那个人是托比，但我们从没问过简。尽管如此，她还是笑容满面。当这一切都结束后，她将会狠狠地处置贝拉。

因此，我们的感觉是美好的，打开一瓶酒，叫孩子们上床睡觉，走去屋顶的露天台……

这天早上，再一次有宿醉的感觉。中国真的是“地狱”。逃兵们再一次密谋计划中……

啊，玛莎

2011年9月

上海

“我不知道”这个短语我们最经常在简的口中听到。我不知道我想要穿什么衣服。我不知道我想要吃什么，我不知道我想要做什么。我不知道到底怎么了。我不知道我是否能够做得到。

我不知道……我不知道……我不知道。

那么，有一件事情简确实知道，她没有才华。已经问过她了。

她是学校里最坏的孩子，她不交朋友，所以她自然没有能力去做任何事情。她是一位前往着被摧毁的途中的十四岁的女孩。更糟糕的是，她已经发现自己被遗忘。

直到她遇到贝尔先生，她的戏剧老师。我还没见过这个男人，但当我见到了（这天晚上），我可能会吻他。

在简入学的第二天，他告诉简她是那种真的会“激怒人”的孩子。简有“很多的天赋”但不会展示给任何一个人看。我爱这个男人。

贝尔先生哄着简，让她到戏剧班课室的最前面，直立站在一张椅子上，告诉她用单脚站立，把她的手放在头上，然后把一个盒子扔向她。简从不退缩。在那一瞬间，他爱上了她，她也一样。由于这小小的戏剧练习，简为了争取一个角色而参加了戏剧《毒药与老妇》的试演，尽管她并不知道她是否真的能够做到。

戏剧是件严肃的事情。这间国际学校有它自己的剧院。这是一个专业的剧院——录音、灯光，专业设备——应有尽有。这个地方懂得创造“艺术”和“精巧的制作”。因此，在星期二的时候，简去面试试演的角色，在戏剧里——任何的角色。

贝拉先生让所有的演员攻读那些主要的角色。简攻读的是玛莎阿姨的角色。贝尔先生告诉她，她做得很好，并建议她在星期三阅读另一本书作为回报，并且要努力让自己变得“更老气”。为了变“老气”，简拿出她妈妈的其中一件旧式的女士毛衣，亨利的眼镜和一双长筒靴——歪歪斜斜地穿上——然后在星期三将它们还回去。贝尔先生是有礼貌的，但态度却不明朗。那儿还有很多年纪稍微大一些的女孩们也在尝试着角色呢；对年龄从七岁到十四岁的学生（中学和高中）开放试演。

我和杰克都为她感到骄傲。简很害羞，对于她来说，让她站在在舞台上面对着大家是很一件困难的事。但经过了第一阶段后，她表现突出。今天我们了解到简原来是扮演玛莎角色的替补演员。我们得知后欣喜若狂！中学生扮演玛莎的角色有一些“承诺事项”，那就是，简扮演玛莎的角色至少会有一次的演出机会。她将要做好准备，似乎她就是主角。

今天贝尔先生在班上把她叫出来，为她的戏剧试演而祝贺她，她有能力去担当并进入角色，也会避免过度去扮演过时的“老气”。她对舞台经验的缺乏是一种缺陷，但她在唱诗班的经验表明，虽然她的性格很安静，但她明白怎么去把演绎的激情投入到舞台上。

我们真的很激动。对于简来说，这是让她轻易地投入这种新的艺术类型的最完美的方式，并且还帮助她交朋识友并建立了自信心。她会打电话给你，并掩饰自己的兴奋之情。但是她今天看起来喜不自禁。我真的认为这样的话，会帮助她顺利过渡这一时期。

当然，如果你问到简，学校的事情进展怎样的话，她会很确定地告诉你事情进展得并不好。噢，玛莎！

噢，玛莎Ⅱ

2011年9月

中国，重庆

戏剧节的落幕显然是一个令人兴奋的开始。

星期一，上海出品的《毒药与老妇》做出了惊人的阵容变化，取代了经验丰富的女演员詹妮而演出玛莎阿姨这主要的角色，这就是从美国进口，具有新生代演绎天赋的简·福克斯。

短短的一周就出了通知，立即进入了排练期。

这令全体演员都感到吃惊，尤其是简。戏剧将在一些真正的媒体行内行人面前放映，这位福克斯小姐只是希望她自己的演出能够对得起导演的用心良苦，从而令导演对她有信心。福克斯小姐全新的面孔，年轻而富有演绎天赋，但至今，像这样的主要角色还没经过试演。

导演戴维·贝尔说，福克斯小姐对这个作品和对这个角色具有充分的理解，并富有真情地奉献和投入。他保证角色和作品都能够满足变化的需求。上海的戏剧新闻会继续关注这件事。

恭喜你，福克斯小姐！（要是我能直接过去那里听到你的这则消息，那该多好啊！）

忍住

2011 年 9 月

中国，重庆

我们都遇到过这回事——你不得不小解，却找不到洗手间。那么，在这里我要告诉你，就算让你找到洗手间，你也仍然不愿意小解。我的意思不是说加油站的厕所低于你个人的卫生标准，而是你宁愿开车走多五英里。我所说的是，如果你站在厕所里，我很想知道你是怎么把这项艰难的活儿给完成的。

中国是一片很矛盾的土地。在某些方面停滞不前，在其他方面却正在超越世界上最先进的国家。中国人廉价出售了文物就是为了让从宜家进口那些刨花板来代替它们。如今俨然有着这样一个问题，那就是如果你在中国买了一个古董，你必须要确保它比 150 岁更“年轻”，否则你就不能把古董带出这个国家。事实上，每天都有一些美丽的艺术品被卖掉或被私运出去。

整个充满历史文化气息的居住区被夷为平地，然后建为高价公寓大楼。对于我来说是一个奇事——真的，这是令人伤感的奇事。

在上海沿着外滩走，一到晚上，当灯光照亮了整个浦东的高楼大厦，人们群集在公共区域，来到黄浦江边去欣赏壮观的表演。浦西江的高楼也亮着灯，但浦西园区的建筑是“旧上海”式的风格，所以在那个方向会比较少关注度。“老式”在这里并不受欢迎，甚至回收再循环的物品在中国是不好的东西——回收利用意味着“旧的”。

中国急于接受那样的新式和现代化的技术，却让我感到很惊讶的是，在这里，当代的西式厕所尚未达到普遍使用的程度。今天我要在重庆的新工厂里开会，这一天开始于早晨六点半，靠着数杯咖啡、茶和几瓶水度过了一个漫长的会议。在喝完数杯茶、数瓶水和很多罐轻便装的可乐后，我要去小便。

没有男孩们来提醒我，我一点都不感到奇怪。在这站点上的二十多个人的队伍中，我是唯一一个孤独的女人。当我打开了这间卫生间的一个小隔间，然后看到那个洞像在回望着我，我想哭，说真的，想哭。

你瞧，我或许已经找到了一种方法去对付着小小的阻碍了，即使穿着高跟鞋和阔腿裤，但我在前几天，为了逃离摆脱我们的“公共汽车”而拉伤了腹肌，那时候我穿着裙子和高跟鞋。那完全是另外一则故事了，但我只是想说，这个世界没有为女士们设计的事情。

为了掌握手头上的任务，我需要练就一定量的腿力和耐力，坦白说，在那时，这简直就是超出了我的能力。我冥思了许久，甚至测试了我的腿力，但这不可能做到，而且我真的不想跌到地板上，或者更糟糕的是，跌入厕所洞里。

因此，我离开了女洗手间，回到会议室，我坐下来看着宽屏显示器，试着联合国设计的扩音器、戴上同声传译的头戴式耳机，还有电脑连接系统，无线网络可以使用，双投影性能和电视会议可供观赏。我手压着我身旁的一瓶水，然后开始熬着时间直到我们前往去机场。我只是希望机场会提供更好的设施，否则我只能干等着登上飞机。谁能想到飞机上的洗手间是我最好的选择！

如果你想知道我最想念美国的什么，那就是……

一大袋的钱

2011 年 9 月

上海

当 18 亿人决定去度假的时候，交通成为一个重要的问题。我和杰克正忙于为去哪里过圣诞而争论不休。通常，我们不会有这些的争论。我们会留在家中。

我们争论着圣诞的菜单、圣诞树下放置礼物的数量，《圣诞故事》和《生活多美好》在电影史上是否占有一席之地等问题，但通常来说，我们不会去争论马来西亚、泰国、澳大利亚、博拉博拉岛的优缺点。

与其不现实地去比较这些不同地理位置的沙滩、气候、折磨人的飞行模式和文化因素，我们不如实在地讨论下圣诞节去哪里庆祝比较好。当我在办公室提及这些的时候，我的同事们惊讶地看着我。圣诞节不是我关注的要点。关键是中国的新年。我已经预订好中国新年的事宜了吗?

“不，我还没有。”我真的从来都没有想过。中国的新年在一月份。当然，还有的是时间。

“时间?是的，有时间。”有人告诉我。“但空间是一个问题。问题是没有空间。”

当18亿人决定去度假……

当然了，这些人想从我身上得到好处，肯定会夸大旅行的好处。我等了一天——1个完整的24小时——打电话给我的旅行社代理人，他才告诉我必须得当场决定，否则你在中国会冒着被困住的风险。

“被困住?”我问。

“是的，被困住。”

在这里，被困住真的意味着被动不了。火车上没有座位、巴士上没有座位、飞机上也没有座位。没有司机。没有阿姨。许许多多的中国人挤出了上海，留下一片荒芜，所有的店铺都关门。真的被困住了。

因此，今天早上九点开始当场做决定。首先我们检查那些航班是否可以提供给我们使用。我们有两个方案。

两个中较好的方案是星期五晚上九点离开上海，到达泰国普吉岛大概星期六下午1点。（回程将会更好——我们凌晨2点离开，7点到达）

亲爱的，我们将会到泰国普吉岛去度过中国的新年。我们之前有几个度假胜地可以选择，但全部都标有特殊的“节假日”价格……当18亿人决定去度假，景点的价格就会变得很贵。

随着我们预定了1月份去泰国的机票，我们将它从圣诞节的清单上取消了，并决定停止争论而仅仅去选择。这是一个随意的决定。我们打算去马来西亚度过圣诞节。我们的旅行社代理人感到欣慰和高兴。因此支付手续开始了。

中国是一个现金社会，你要用现金支付商品。商店都有点钞机，就像你在银行看到的那种。收银员认真仔细地检查钞票来识别真假。如果你用信用卡付款，那么要额外附加费用，是账单总数的2%～3%。如果你用国际信用卡来付款，费用会更高。

通常来说，你可以用银行转账来支付。但是，有时候，你不得不支付现金去避免增加额外的费用。

因此，一个女孩可以做什么？

嗯，自然，她会穿上最漂亮的黑色高跟女鞋，然后出发去银行，去要求取出125,000元小钞人民币，如果你愿意的话。（RMB是中国的货币，更正式的称为人民币或元）。她把一大叠钞票放在看起来像午餐袋的袋子里，然后走回她的办公室。

你还想要什么？

爱丽丝

2011 年 9 月

上海

你还记得来自故事《布雷迪家庭》的那个爱丽丝吗？她穿着一件蓝色笔直的制服，和布雷迪生活在一起，做他们的饭菜，打扫他们的房间，铺好他们的床，洗好他们的衣服，照顾他们的狗狗（泰格），解决他们大多数的问题，当然，最终她爱上了屠夫山姆。那么，如今爱丽丝搬到了上海，现在跟我们一起住了。

生活在上海的外国人，需要两样东西，首先生活在这里，可以帮你积累经验，其次，有可能导致你生活经验混乱的……那就是开车接送你的司机和打理家务活的阿姨。我们住在上海，这两样都是最好的。

曹先生驾驶着一辆九座并带有平板电视的小货车，孩子们和凯蒂佩里的尖叫声从音箱里传来。他驾驶着这部终极者游遍全上海，并且他毫不在意车里的一片混乱和外面拥挤的车辆。他是大师。

我们的阿姨是一个奇迹人物。阿姨翻译成英语大概是“Auntie”的意思，通常是指照料你家庭事务的女人。但是，在我们家，阿姨实际上就是“爱丽丝”，如同在《布雷迪家庭》里的那样。詹阿姨是我们自己用好莱坞的想象力设计虚构的一部分。她也许没有蓝色的制服，但她就是那种有着超强凝聚力的人，维持着我们家庭日常的运作。

想象一下：如果洗碗机嘟嘟响一直停不下来、如果烤炉开不了、电话突然用不了、你的卫星通讯设备坏了、你需要去买肉（不过屠夫不是山姆）或者你想去付清电费。嗯，你认为这是你的电费单，但实际上你读不懂。这时你可以打电话给谁呢？你怎样能把这些事情处理掉呢？

那么，如果你足够幸运的话，每天早上爱丽丝会在你的家里，除了让你感到十分困惑外，并不需要你做其他任何事情。爱丽丝就会马上行动起来，并且把所有事情都处理掉。我们厨房是孤立开来的，柜台面有点松动。爱丽丝看到这种情况很不开心，因为这会对孩子们造成危险。她把柜台修好。两周后，柜台再次松动。

杰克介入此事并采取行动，他打电话到维修室。爱丽丝看守着厨房门口。愚蠢的美国人，她肯定是这样想着却没说出来。杰克向电话里的女人解释说："是的，之前有人已经到家里修理过。"但"不，还没修好。"这持续了 10 分钟，杰克仍然一遍又一遍重复着相同的语句。他心乱如麻，并恼火起来，看了看爱丽丝，拿着电话，耸了耸肩。

爱丽丝终于插手此事。她抢过电话，并用非常大声且强有力的语气跟对方说话，然后把电话给回杰克，一声不吭地走回厨房。杰克把电话放在耳旁，听到对方说着"正赶过来为您服务。"果然，10 分钟后爱丽丝对着服务人员大声喊叫，让他们到我们的厨房去并监督着他们，服务人员再次安装我们的柜台。如今，柜台显得非常稳当。

不久前，爱丽丝跟我们的朋友莉莉（一位讲中文的朋友）抱怨说，我没有给她提供烫斗或者烫衣板之类的东西。因此，她不能把床单烫好。这主要是一则嘲弄的话语，因为，尽管我还是可以接受那皱褶的床单，但这就永远都不能够满足“先生”严谨的需求。当然，是莉莉，告诉我关于这则对话的内容。我制作了一副心理导向图，但我还不能快速定位爱丽丝。

有一天晚上，先生显然是要出去，留下了太多褶皱的床单，爱丽丝亲自出马，拿来了烫斗和烫衣板，然后整个早上都带着身边。爱丽丝骑着小摩托车。但摩托车上没有篮子。她携带着一个烫斗、一个大块的烫衣板、平底锅、一大袋狗粮、两袋生活用品、一棵植物和我的干洗衣物回来。先生现在正在烫好的床单上睡觉呢。他的内衣裤也被烫好了！

当你有了孩子之后，杂乱无章的生活一直都是个问题，似乎鞋子到处都是。在中国，鞋子是放在门旁的。在这里生活没多久你就会明白为什么。当孩子们进到屋里，脱掉他们的鞋子，对我们来说是一种挣扎——直到爱丽丝接管这项活儿后。鞋子都被拿走，一双双集中地放到前门。我们把旧的梳妆台拿来收集鞋子，并且爱丽丝还用标签把我们每个人的名字贴在抽屉里，考虑到我们有可能遣返回国，我正在安排移民签证的事情。

没过多久，爱丽丝发现我不是卡罗布兰迪，并且我从来没有打算在晚上六点在桌上吃晚饭。事实是一周来我与爱丽丝才见过几次。我很晚才到家然而晚餐似乎已经过去很久了。爱丽丝才决定她应该开始煮晚饭。我们用了两星期的时间才理解为什么她想去做晚餐。我需要我们九岁的孩子来解释这个问题。

我对这样的安排感到不安。有人跟我说爱丽丝是一个好厨师，但我们的孩子们很挑剔，我不想她因此而被冒犯。当然，我的担心用错地方了。她煮的第一餐是饺子（全部人一致好评），下一餐是糯米饭、鸡肉和蔬菜（全部人一致好评），然后荷兰豆炒牛肉，红萝卜和让人回味无穷的蘑菇（全部人一致好评），然后继续——至今已经一周三次了。

昨天晚上，爱丽丝再一次做晚餐。据说有一个小插曲是关于美食频道的挑战秀：挑战的是，仅仅只可以用食品储存室里的原材料做晚餐。

我们准备要动身去度假了，因此正如他们所说，行李的重量减轻了。我们有搅碎的牛肉，轻便装可乐，鸡蛋，面粉，黄油，牛奶和黄瓜。自然而然地，我们可以做牛肉加黄瓜的煎薄饼。牛肉煮的时候加上可乐，再淋上被切碎的黄瓜。

我没有在那里看到，但杰克和孩子们发誓他们看到她做菜的全过程。饭菜很可口，尝起来远比轻便装可乐更精致。她甚至留了另外一些薄饼给我，我破天荒尝试了额外的巧克力味的食物。

五号台风

2011 年 10 月

越南，胡志明市

我本应该在多年前就吸取这个教训……当所有的迹象都指向一场即将到来的风暴时，你真的应该扬起船帆，驶向对岸，并回到你的小窝里好好呆着。

10 月 1 日是中国的国庆节，我们开始了五天的度假生活。这是新中国成立以来值得庆祝节日，创始人是当年 50 多岁的毛主席。孩子们一整周都不用上学，因此我们可以出发去城外——越南豪华游。我一直计划着这次旅行好有几个月了，并且真心希望可以脱离工作一段时间。因此你知道这篇故事的主题是什么……

在 9 月 22 日那天，简带来了第一个危险警报信号。她的膝盖剧烈疼痛。痛到她已经走路都一瘸一拐的，要求从学校返回家中休养。我们确定她的膝盖是疼痛的，但我们也怀疑一定程度上的思乡病会将她的这种情况恶化。在过渡期，这种情况并不罕见。所以更加有理由出去城外透透气，我们是这样告诉自己的。这次旅行亚洲的目的就是给我们自己带来刺激点的生活方式。并且，不管真假，我还是坚定我的信念，那就是这次的旅行来得正是时候。

9 月 26 日那天，简提出了更多的要求。她不再一瘸一拐了；她勉强可以活动。我们预约了时间带她去检查。医生扭了一下她的膝盖，发现没什么问题。因此，她照了一张 X 光片，目的是识别是否骨癌。不是癌症——呼，松了一口气！

下一站，去看整形外科。

当我们在等待着整形外科医生的时候，扬起了第二个危险信号。亨利的思乡之情提升至一个新的阶段。每天早晨他都是眼泪汪汪的样子，他想念着他的伙伴们。简每天早晨都哭泣，内心痛苦并渴望逃学。

因此，自然地，每天我就开车送他们两个去学校，强迫他们下车。是的，年度最佳的母亲是——直接问我的孩子们吧。

我仍然告诉自己我们需要的就是一个家庭旅行。所以，当天气预报说台风蒲公英接近菲律宾，并很有可能继续接近越南时，我有选择性地听着别人说着或者有选择性地去处理又或者有选择性地装糊涂。当第三个危险信号来临之时，我正在寻找着另外一个地方呢。

整形外科医生扭动着，转动并且敲打着简的膝盖，但是，像第一位医生那样，没有发现什么问题。然而，当简站起来的时候，她哭了。扶着拐杖拐着腿走回家。最初的危险信号逐渐变强烈了。菲律宾的风暴正在变得猛烈。我的心理盲点也逐渐变大。我收拾我们的行李。万不得已，杰克安排简去加州伯克利分校去见一位受过传统中国医学教育的人。我收拾了一件泳衣。

莫名其妙地，在10月1日的时候，简的情况正在好转。亨利开始把上海当作家。另外，我们登上了航班，并平安无事地抵达了胡志明市。这简直太美好了，我有点不敢相信是真的。

在10月2日这天，胡志明市倾盆大雨，简的膝盖疼痛，亨利发烧，不能吞咽，他再一次流泪。值得一提的是，台风蒲公英对菲律宾造成了破坏，然而如今“刚刚到来”的热带风暴将会卷席到我们下一个目的地——岘港市，一个饱经了台风纳沙蹂躏的城市。

10月3日，大雨持续，亨利的高烧变得更糟糕，女孩们看起来都像亨利那样，正朝着同一方向发展。我们取消了余下的行程，预订了最早的航班返回中国。在下午两点的时候，女孩们回到家了，我在杂货店，杰克带着亨利赶去看医生的途中。

所有的迹象已经出现了。五号台风在旋转。我真的不想看到它，我只想去度假。我觉得离开一段时间会让每个人都感觉到更好，至少可以缓解乡愁，让他们开始觉得在上海生活会有家的感觉。

当亨利和他爸爸正等待着链球菌测试结果的时候，我已经开始加热了西红柿汤，做好了烤奶酪三文治和烘焙的巧克力豆曲奇饼。女孩们找到了一部电影，然后一屁股地坐进沙发欣赏起来。

当亨利回到家，他闻到了烘焙饼干的味道。“妈妈，”他说，“这下真的开始感觉到这里更有家的味道了。”

我猜我们只需要一个小小的脓毒性咽喉炎和一些曲奇饼干。

开幕日

2011年10月

上海

哦，这并不是真的开放日。这甚至也不是棒球季后赛的开幕日。事实上，这是第五回合关键的一战，由令人畏惧的纽约洋基队和我们心爱的底特律老虎队组成的分区锦标赛系列。这个系列在两场比赛中都打成了平局，因此我们在纽约观看比赛，根据我们的儿子所说，所有的粉丝准备就绪。

虽然你会记起我上一篇发表的文章，起初我们在度假，但现在沦为“宅度假”。我们回家是因为我们的孩子（现在两个）得了链球菌，并且在我们旅行的途中遭遇台风。我们本可以睡晚一点，并什么都不做地在外面闲荡。一般来说，这将会是棒球季后赛最完美的结合——深夜的比赛和散懒的早晨。但是，此时我们在中国。

因此，比赛将在早上 8 点播出。

根据亨利所说，比赛的时间不重要——所有的粉丝都准备就绪了。孩子们甚至早早地上床睡觉，那么他们就可以在上海为他们的队伍加油。爷爷和奶奶负责更改网络电话的日期，我们就可以跟家里人一起为比赛加油。

我们激动得在 7:45 就早早地起床了，如果在这样的情况下，你还能够睡到 10 点的话，就会让我困惑不解。我的意思是你也可以在网上查询比赛的得分，甚至可以在中国时间下午四点的时候观看比赛，如果你很想的话。我翻了翻眼睛，就知道我不得不调好闹钟，然后试图到每个房间叫每一个小淘气包起床。

我用被子将亨利盖好，“妈妈”，他笑着说，“明天将会很有趣。”

我走回到楼下，开始收拾些烂摊子活。在某处放着脏兮兮的碗碟和 DVD 光盘，我开始想念着我的祖父祖母。我的奶奶特丽莎很爱棒球。

实际上，当我还是个小女孩的时候，我的奶奶就教我要在比赛中计分。如果你在赛季里去她家，你会发现奶奶坐在她喜欢的椅子上，电视上播放着赛事（没有声音），听着厄尼·哈维尔在广播中的报道（就是这样，底特律老虎队的粉丝一边观看比赛，一边听着厄尼在广播报道。）她准备了一张记分表格和一只铅笔。爷爷则负责把冰茶倒满在杯子里。

当我有了孩子后，我的爷爷奶奶已经到了八十多岁将近九十岁的年纪了，但他们两个仍然观看着赛事，抱怨着总教练，并给击球手一些建议，然后记录下分数。那时，我跟杰克会查看“老虎队”的安排表，然后在赛事期间，计划去一趟他们的家。奶奶会向简和亨利解释着赛事并教他们怎样去记录得分。如果你问亨利关于伟大的曾祖母特丽莎，他会回答说：“棒球迷曾祖母。”

所有粉丝都准备就绪。

奶奶在几年前就与世长辞了，然而次年，爷爷也病逝了。伟大的爷爷奶奶对我的孩子们的生活有着很重大的影响。孩子们了解他们，并爱着他们，留有很多关于他们独一无二的经历的回忆。当我观看老虎队赛事的时候，我一直都在想念着我外公外婆。在秋天，当苹果从树上摘下来后，苹果派就做好了，我就想念着我的爷爷奶奶。“祖母派”就是简一直提及到的伟大的奶奶安妮。棒球和苹果派都是出自于移民来美国的人们（或者只有一代移民）……真的很有趣。

比起只是叫醒孩子们起床，我必须要做更多的事情，然后播放着电视里的赛事。因此，我偷走了我妈妈的开幕日的日程表。当爸爸不能够从邮递员那里得到入场券（当我还是个孩子的时候，我就想着邮递员会把带有用信封装好的棒球比赛入场券送过来，你就可以坐在门廊上购买），我妈妈早早地接我们放学，然后打开电视播放着比赛，当然了，厄尼在广播中报道赛事。她放好野餐的毛毯，并做了热狗和馒头和质量上乘的马铃薯片，准备好糖果甚至一些费哥牌的饮料。六个小孩子坐在当时流行红色的毯子上——这个女人是疯狂的。

这是我最喜欢的童年回忆之一。我爱开幕日——无论是在棒球场上还是坐在野餐的毯子上。我的妈妈都能够做的那么好。她观看着比赛并跟我们一起欢呼，让我觉得这就是天堂。

所以，今天赛事日的日程表如下：早餐吃披萨饼，芝士酱伴着椒盐卷饼面包，美国进口的糖果棒，巧克力牛奶，在棒球第七局的时候，还做了巧克力蛋糕和香草味冰激凌。我早早地起床去做巧克力蛋糕，蛋糕的香味让孩子们自觉地起来。显然，更使人兴奋的是米妮阿姨和莱尔叔叔出现在网络电话的屏幕上，随后还有爷爷奶奶。

凯里·唐击出全垒打，后面跟着德尔蒙·杨。这是第六局，因此我要把巧克力蛋糕切好。今天真是个好日子，能够在中国观看棒球。这就是开幕式——正如当年有妈妈陪伴的日子。

出租车

2011 年 10 月

德国，科隆

在每一位女人的生活里，都有这样一个时刻，那就是当她照着镜子并琢磨着究竟发生了什么变化的时候，我不在乎你是否健康，是否辉煌，是否有令人惊叹的过去，或者是否有着成功的事业——它确实是真的发生了。某天早晨你起床后，考虑了好久然后问自己："那位回头看我的人是谁?" 如果你碰巧在那天早上，有一位花季年龄的女儿在你面前，你会觉得更沮丧。

我比家人更早来到中国，在没有思乡之情的情况下，我有一个机会到镜子里去抓住到那个人。特别是那种诱惑人的饼干罐，看起来像是一件装饰品，我们都会跟孩子们都会一起乐在其中。但是，在那段时间里，工作是如此的忙碌以至于我真的没有机会去吃东西。我的意思是，中国的自动贩卖机不能够满足我个人的需求，毕竟贩卖机里没有储备着士力架巧克力。

在中国的头三个月里，我的体重跌了三十磅，需要更小的连衣裙的尺码。我干脆剪了头发，染了金发，然后逛着我搭过的国际机场航班里的免税店。我是一位在防老抗皱霜方面的专家，产品产地从欧洲到澳洲再到亚洲再到美国！为了庆祝我已经减轻了婴儿肥的体重重量，我为自己在浦西轻纺市场买了一大堆连衣裙。面对现实吧，你不能够穿上连衣裙除非你已经控制在了中码的尺寸。

那么，随后我搭飞机去德国，并需要一部计程车……

这周，科隆主办食品专业型的国际美食节，因此每一辆出租车都有搭客，而我被搁置了。一位心地善良的年轻女士在酒店的前台那儿打了通电话给我，然后说乔纳森——“一位豪华轿车的司机兼服务员”会开车到达我的门前。

乔纳森已经27岁。他是引人注目的。他有迷人的年轻、迷人的可爱、迷人的德语、迷人的轻浮。他就是这样的一个防老抗皱霜，让我恢复了许多许多个月的青春。

我也许是一个 40 有余的老女人，要是从市场走出来，看起来会老 25 年，但我仍然知道当有人用眼睛审视着我的时候，我的朋友们，要是做到了“不那么明显，但不再微妙”的方式去赢得某些男人的青睐，那么我的心情会突如其来地得到改变。

我还没有尝试过在“公众”面前穿着一件连衣裙呢。我穿过一次给杰克看，而且是在灯光十分暗淡的餐厅里，那里没人认识我们。我从丈夫那里得到了极好的评价，但我还是不敢冒险地离开丈夫的安全网，走到完全陌生的人之间，即使在完全黑暗的空间里。

连衣裙很容易收拾，并且我有四条——因为杰克的一大堆鼓励的话语，所以我把所有的连衣裙全部带到科隆。我也带了一条安全短裤和很多开身毛衣，仅仅是以防万一我失去了这份勇气。我也带了一些十分精美却完全不实用的高跟鞋和超级精致的珠宝，是具有时尚意识的十四岁女儿在地下市场为我挑选的。

在我酒店的房间里，我正在挣扎着是穿安全的黑裤子呢，还是酷毙了的连衣裙呢。我对着连衣裙说“yes”，然后走到令人恐惧的全身镜前。为什么不在办公室穿连衣裙，我把所有常见的原因都过了一遍——这不是保守，只是它让我看起来很胖；它让我看我来很老；它让我看起来像是勉强尝试着；裙子对于我来说太年轻化了，等等。但最后，这该死的东西还是令人非常的舒适，并且穿着它，我感觉很好。因此，内心的批判性消失了，毅然地走出门外。

电梯降到大堂的这一过程是一种煎熬。我纠结着这条连衣裙，尝试着在铝合金玻璃里偷偷地看了一眼自己，并恨不得自己不要停留在下降电梯里，跳出去然后搭上下一部往上升的电梯。不管如何，我用尽一切方法从高耸的第四层到大堂。

电梯门开了——然后就想电影情节里的——乔纳森直接站在了开着的电梯门前，并离我只有几英尺远。他看着然后徘徊着。那是明显的并且趁我不注意的时候。这令我很激动而且我真的脸红了。这是美妙的。绝对的美妙。我意思是，好吧，这不会再发生在我身上了——见鬼，它之前从来没有真正在我身上发生过……

片刻以后，我发现这位英俊的年轻人是我的司机。我太幸运了！

这太棒了，简直不敢相信是真的。他很迷人。他的口音很好听。他考虑到我们对话的方便，于是讲了很多英语，但他缺少了自信去展现他的魅力和突出他的活力。单程 20 分钟的车程简直就是不够的。这太令人陶醉了，我完全被迷恋住了。为剩下的一周时间，我当场就签约雇佣了他。

所以这周的每天早上，乔纳森迅速把我载到办公室，然后每天晚上他带我返回酒店。他礼貌地交谈着，偶尔，我会发现他正在后视镜里看着我。他有可能是交通检测，但我说服自己那是他认为我是个有意思的人——也许甚至是可爱——并且他是偷偷看的。他说我“绝对不可能”是一位 14 岁孩子的母亲。这男人知道怎样去取悦别人！

星期一，他也会带我去一间很棒的小餐厅，那里有美味的佳肴和非常迷人的侍应。星期二，他在一间很棒的小酒馆里找到我。然后，星期三，他帮我预订了餐馆，并且我的两位女性朋友也是到小镇出差，餐馆变成我们姐妹聚餐的地方。

我的朋友们到了，我必须要分享这一点宝贵的想法。让我们面对现实吧，我真想拿他来炫耀一番。毕竟，有什么会让我持续那么久的乐趣呢？那天上午跟她们聊天，我提及到了这周我“雇用”了一位司机，就是在那天晚上载我们去吃晚餐的司机，只要我们决定要去的地方，他都会载我们去。“你的私家司机……”我情不自禁地笑了，于是，她们入迷了。

在晚上六点半的时候，我们的座驾在预定时间到来了，但我们发现我们有会议脱不开身。我明显地感到不安，轻敲着那精致的脚趾头，用我的黑莓手机查看着时间，在这一周时间里，我纠结于我的第三条连衣裙的领带，像一位小女生那样，抽动着我的座位。最后，我收拾好了东西，匆匆地向门口冲了过去。

雨点轻轻地飘落下来，我们不得不走出门口，以便于可以到达我们的车里。我不能够忍受乱糟糟的头发，于是我以快速地的步伐走到有顶的人行走廊上。我看见表面光滑、黑色的宝马轿车在等着我们。我就知道乔纳森会走出车外，一打开门他就看着我。我等着我的朋友们跟上我。我想要她们去感受下这完美的效果，下雨只会使它变得更美好。感觉这太戏剧化了！

果然，当我们接近宝马车的时候，乔纳森打开了门，然后他侧身到车后去打开了后门。我们有三个人，那么肯定有一个人会坐在汽车前门的副座上，好吧，就让我一个人代替他们坐前面吧。随着乔纳森关上门，我返回到后座……

“啊，我的天哪。你在哪里找到他的?”我僵硬地露出微笑，实际上心情好糟糕。这只是纯粹的快乐。她们也像我这样，被他迷得神魂颠倒。

他不是唯一一位外表长得好看的人。很多男人都是英俊的。呃，也许不是许多吧，但我们所有人都见过英俊的男人。这就是整个故事的环境——英俊的年轻男人、精致高雅的性能车、这座精彩的欧洲城市的魅力，统统这全部，再加上仅仅到一定年龄才拥有的知识和忍受一定程度的解构主义。

如今，你知道这些片刻是多么珍贵和令人回味吗……和你关系最好的闺蜜们一起，品尝着一瓶瓶的美酒和佳肴。当你老的时候，你就会感激你曾经被欣赏过，并且理智地知道这不是真的，大多数的好事只出现在你幻想里，但这并不意味着让它缺少应有的生活乐趣。

出租车！

懒虫

2011 年 11 月

上海

我今早睡过头了。直到凌晨 5:40。是的，在这里，大家都会迟起床的。在上班前，我会去健身房，却在早上 8 点钟前未能到达我指定工作的地方，我晚上 8:30 就离开了办公室。我是一条懒虫，真的。

当我离开办公室的时候，出乎我预料的是，有更多的人仍然在进行电话会议，他们开会，并用电脑工作着。我有同事都是呆在办公室直到夜晚 10 点或 11 点才离开。我的老板在他的办公室里装了一台微波炉和一台冰箱，一日三餐都在办公室里进行。他不是一个懒鬼，而我需要睡美容觉——我是懒虫。

我懒惰的倾向也延续到我的私人生活上。我的这种情况甚至影响着我的丈夫——可怜的家伙，他也是一条懒虫。

这周我们要去开家长会。老师们都严肃紧张的。我们每10分钟见一位老师，共见了14位。他们每个人都是有备而来的。当我和杰克问完了“他们适应得怎么样?”然后就没问题了，我感到挺内疚的。有时候，老师们似乎对我们缺少准备工作而感到失望，例如对我们孩子教育上的批判性的探索和对于我们孩子教育上的自由放任的态度。

学校在中国来说是很严肃很认真的事情。孩子们上学，放学，他们再来学校专注于学习数学、科学、阅读、小提琴又或者其他课。我们的孩子们去学校，周五他们会回来。我们不想让他们再参加其他学校的培训或者其他任何事情。

在中国，所有人好像有足够多的额外事情要做，但根据亚洲的标准来说，我们家庭的人都是懒虫了。我觉得在每个周六，我们会花更多的时间去争论着在买哪十部电影，而我们不会花费几个晚上去强迫孩子们去做功课。

优先考虑。

学校的生活是如此的紧张以至于我们过了扎扎实实的一周，探查着孩子们走下车，并且强迫着让他们进入学校的大门——该死的眼泪。我感觉自己是一位虎妈——孩子们流着泪，给我厌恶的眼神并且偶尔间也会说我的坏话，那是因为我在车子把手上一个接一个地撬开他们的手指。

整个星期我都保持着专注，并且专注于押着他们去上课。当然了，下一周我要去德国了，然后告诉杰克让亨利从学校返回家中去观看老虎队和狮子队比赛周一橄榄球之夜的赛事。

优先考虑。

孩子们明显地感觉到压力。亨利和贝拉在苹果平板电脑上下载 App，去练习他们的乘法口诀表。奖励他们又快又准确的背下来。如果让他们准备各自的“一分钟测试”那就更完美了。在乘法口诀表方面，他们两个都落后于亚洲的同学，并且他们想“迎头赶上”。

迎头赶上？当我们到中国的时候，贝拉甚至还没开始接触乘法口诀表呢。当我们碰到 4 乘以 6 这样的算式题时，如想不出等于24的话，真的会有生活上的障碍吗？实际上，我们也还没完全掌握怎样系鞋带（魔术贴是魔鬼）；因此，也许他们没有学会乘法但我真的不那么担心。每一部苹果手机都有计算机——他们会活下来的！

在简的家长会上，老师们建议我们把简安排到数学拓展的计划上，就是类似于增强型跳级生那样。我们礼貌性地微笑着并拒绝了。简从来都不喜欢数学。第一次在她的学术生涯中，当她想出了数学题，她表现出来是何等的自信啊。让她进入“拓展数学”看来似乎并没有令她产生任何上升的自信。至少现在不是。她已经处理了很多难题了。

她的老师是很有礼貌的。他已经知道她的父母是懒虫，他们也同样在培育着懒惰的孩子。或者，他们正努力去培育着懒惰的孩子……

亨利，他自己报名参加7、8、9的乘法测试。只有他一个孩子去考试并通过了。他的亚洲同学们已经参加了10、11、12，但我们不指望他们了……

也许在他们中我是唯一一位懒虫。

感恩节

2011 年 11 月

上海

在周一的晚上，我跟杰克在观看着周日夜晚的橄榄球赛事，这是美国体育电视局（ASN）重播的。当 ASN 重播比赛的时候，很少插播商业的广告。但是，如果有，他们有时候会包含来自美国的商业广告。

这听起来很奇怪是吧，但当观看广告的时候，我们显得有几分兴奋，因为它们是珍贵的。我知道那听起来很荒谬。但是，经过六个月的无商业广告的体育赛事，真的对来自美国的大卡车广告百看不厌，真有家的感觉。

在周一晚上，一则大卡车的商业广告上演了，有金属发光的装饰品，雪绒花片，还有人们戴着红色和白色的圣诞帽子，跟一些人在低声唱着“……这是一年中最美好的时光……”

伴随着广告的背景音，我突然想起来。是圣诞节。或者，更准确地说，是圣诞购物季，在美国可能开始于十月份，并且今天很有可能达到一种疯狂的状态，因为顾客们为了黑色星期五或为了支持黑色星期五而完全废除掉圣诞节而做准备。

不是我还没意识到这已经是十一月份了。而是，老实说，这看起来不像是十一月份。首先，气候没有足够的冷。然后，不觉得是感恩节，还有大学足球季的结束。准确来说，今年秋天我还没看过一场大学足球比赛呢。还有，就是不可能感觉到圣诞气氛，因为我还没听过一首圣诞颂歌的单曲，除非你指望30秒时间的商业广告吧。

但实际上，今天是感恩节。然而在中国，这仅仅是11月24日，星期四。今天中午没有火鸡做午餐，也没有火鸡做晚餐。今晚我甚至不能够及时地离开办公室去跟我家人聚餐。在中午或下午4点，没有足球比赛。今晚在正大广场外没有睡袋和咖啡。仅仅是工作、教育和平常的晚上的作息。并且，明天有更多工作和教育。

如果无线电台停止播放 24 小时的圣诞颂歌，我怀疑你们大多数人都会表示感激。或者，至少，不会一直播放全天候的颂歌直到 11 月 24 日。因为圣诞节到来，我确定当你注视着到闪闪发光的圣诞装饰品你的眼睛会疼痛。

而当为买一棵圣诞树而支付太多的钱时，你很有可能会疑惑事情为什么会变得如此失控——什么时候圣诞节变得如此商业化了。我不知道问题的答案，但是我很确信这是我出生之前的问题了。

以下是我所知道的：

●我怀念着自己动手做火鸡的情景，还有其他任何东西搭配着。

●我怀念着感恩节的足球赛和游行。

●我怀念着跟我最爱的邻居开开玩笑和他们在百思购买的户外阳台。

●我怀念着标价过高的圣诞树。

●我怀念着圣诞装饰品——特别是我们的。

●我怀念着 24 小时的圣诞颂歌——真的很想念。

以下是我要感谢的：

●我有个足智多谋的丈夫，周六那天他设法打包一只火鸡回来。

●由于ASN（一个体育频道），因此我们可以在午夜一点钟的时候观看狮子队——耶，真的。

●有机会去使“赛季”放慢下来。

●想念着某些事情和某些人。

●拥有那些最亲爱的人，最亲近的人并了解到他们真的是多么的伟大。

你会拥有一年之中最疯狂和最美好的时光。在这里，如果你不去星巴克，那仅仅就是十一月了。如果要把它变成是一年中最美好的日子，你不得不更努力一点。几天以前我发现了真正的香草和丁香，这两样都是我在其他地方找不到的。我是如此的欣喜若狂，以致于你可以想象我终于坐上了摩天轮——这是在多年以前的圣诞节我想要的礼物。

对你来说听起来很疯狂对吧，我知道。但是，在中国最好的事情就是我们仍然在中国，并且不像在家里一样。感恩节是美国的传统节日，我们将会去度过我们自己的感恩节。

而且，感恩节、圣诞节这样的西方节日在中国，跟往常的日子一样过。中国是一个无神论的国家，这里甚至没有圣诞老人。因此，12 月 25 日只是另外一个工作日。尽管我不会在那天工作；我会在马来西亚。我们会去度过属于我们自己的感恩节，我们也会度过属于我们自己的圣诞节。虽然这里的电台、购物中心和电视都不会为你而过节。这也算是比较美好的事情，不是吗？

我非常感激有这样的一个机会去把这一切都慢下来——因为我们的孩子们开始有那么一点想离开爸爸妈妈。一位青少年和两位“8 ~ 12 岁间的儿童”追随者。这是一份出乎我预料的礼物，并且它在那则大卡车广告出现后才收到。这让我们意识到，如果我们想拥有感恩节或者圣诞节，我们必须提供原汁原味的美食，让我们着手去挑选这些美食的原材料。

我仍然很怀念 24 小时的颂歌。

希望你们睡醒后会度过一个美好的感恩节，加油，狮子队！

幸福的融化期

2011 年 12 月

上海

自上一篇文章的这个月以来。我们：

1. 买了几件从轻纺市场生产的大衣（我们穿起来很优美）。

2. 在轻纺市场外，尝到了真正的中国街边小食。

3. 去了两所学校的音乐会（音乐会看起来更像一个剧院之夜——如此的令人惊叹，并且到那里的全部都是孩子们）。

4. 参加期末考试（并通过了，甚至是我们的中文考试）。

5. 我们的执行审查工作（不会被炒鱿鱼，不过也接近了）。

6. 跟来自澳大利亚和英国的朋友们庆祝圣诞节

(并且了解不同的习俗)。

7. 令假唱中的天娜特纳自豪的是，在圣诞派对上玛丽和喝的烂醉的朋友们去面对 9 位“咯咯”笑的孩子们。(现在他们全部人跟着天娜一起摇晃着身体)。

8. 来到马来西亚，我就立即感到好像已经回到了北密西根的麋鹿湖的路上（就像世界在慢慢消失，我却在天堂般的感觉)。

9. 与猴子们同行，凝视着狐猴，对老鹰感到惊叹不已，对雄伟的犀鸟感到畏惧（惊讶于我们还将孩子们带到这个我们之前难以想象的地方，并且我们中的一人从来没听说过世界上竟然这样一个地方)，然后……

我会记录这些经历中的每一样事情——并且是一位更幸福的女人才值得拥有的，但我不是那位女人。你们知道你们什么时候开始追随着这样的小意识流文学了吗？嗯，你们都知道。让#10 来解释为什么我在一个多月的时间里，还没有发表我的文章的原因。

10. 我们的房子被检测出甲醛的毒性和其他挥发性有机化合物。

在这个月来，我们完成了清单上的前十件事情，但这最后一件事情将我逼到崩溃的边缘。

在中国生活过的外国人多半会告诉你，来当地的六个月之后，以他们的遭遇总结出他们的“中国时刻”的一些经历。几乎任何一件事情可以令人触发情绪：

●在中国移动通讯公司营业厅等了两小时，只为了给孩子们买新手机而获得服务。

●完全无法沟通好简单的事情，这令人越来越感到沮丧。

●想念着你喜爱的食物甚至是一罐真正无糖的健怡可乐，而不是轻便装可乐那些东西。

对我而言，令人抓狂的是，这已经是第三次在我们家的房间里安装了室内环境空气检测仪。

就在感恩节之前，或许刚在万圣节之后——我想不起来了——反正已经开始了。一位邻居生病了。她的丈夫觉得那可能是晨吐，但她坚持说是房子里的味道让她生病。她的丈夫极力地阻止她离开中国返回美国，于是他对房子进行了检测。

结果显然非常可怕。甲醛的水平竟然是中国法律规定的2.5倍，比美国规定的建议限度高出6倍。当然啦，其他的毒素也被发现了，但甲醛最多。为什么会这样呢？嗯，让我们回顾一下那些卡特里娜台风的预告片，你就会明白为什么。

当然，我们之前的确考虑过空气污染，水和食物的安全的问题，才同意搬来中国。另外，如果你看见海运集装箱和我们包装食品的数量，你就会明白我们为什么对这些问题如此的执着。但是，我们不能预料到这间屋子本身可能存在毒素。或许，如果是毒素，也不会接近致命的水平或者有致癌的风险。

人们常说我有暴躁的脾气，但我没有。真的，我没有。如果我脾气暴躁，我早在前几个月就会对以下几点的其中的一件事情发脾气了——让我来挑一串吧：

1. 邻居搬进了酒店，是因为甲醛会危害他的孩子和怀孕的妻子的健康。

2. 我的工作单位拒绝对像我们这些仍然留守的家庭去做测试。

3. 我的单位只有跟受“西方资格认证”的公司进行签约合同后，才同意去做测试。

4. 我的单位被挑选为测试代理去执行测试，但结果是“好到难以置信”，似乎测试公司与之有着复杂的关系，或者那间测试公司被贿赂了。

5. 再次的试验被安排和一间新的公司合作，而且设备是从美国进口中国的；测试完成了，最后他们承诺结果将在圣诞假期前公布。

6. 在圣诞节这天，我们收到了一封邮件，说那个测试结果也许在中国法律限制的范围内，但质量检查机构要求进行第三次重新测试。

7. 在请求得知测试结果后，我们被告知工作单位那儿还没有出结果（他们谈论结果可以参考以上的叙述）。

我的脾气并不暴躁。但很明显我的脾气是处于即将爆发的状态的，经常爆发完就不当一回事的，或者说，有时候莫名其妙地错过了，但脾气仍在。但是，我的脾气是爆炸性的，像一座火山，微微震动也许会被人所忽视，但大的爆炸是很难令人忘记的。

就像电影里的场面那样，当孩子们在尖叫着或在抱怨着，丈夫认为他自己是有用的，但事实并不是这样，此时此刻你会感觉到这间屋子都围绕着你天旋地转起来。简花了36小时才回到了中国，并且她的中国之旅的日程已经安排满了，杰克恳求我多一点耐心，我却感觉自己在眩晕。我投降了。

我不确定我是否变成了一部机器，长期面临着杰克的这种“耐心”的态度，我开始哭了，并哭了两天。我也试图对杰克吼叫，然而孩子们无缘无故地睡到了长沙发上，停止进食，还有穿着同样的衣服度过了两天的白天与黑夜。天哪，这种真正的快乐常伴左右。

谢天谢地，在早上大约五点的时候，我醒来，刷牙，并重新爬上床继续睡到杰克旁边，然后向他道歉。这不是我想要的，以这样的方式去结束这一年，然后开始新的一年。

另外，如果日程安排能够得当，大约在45天内，杰克和孩子们在中国逗留的期限就要到期了。我预料到巧克力的紧缺或者葡萄酒的价格都是触发情绪的导火线。如果他们哭两天，拒绝洗澡或者改变他们的服饰，可以使那些全新的空气净化器快速地运行着！

新年的钟声在回荡

2011 年 12 月

上海

在人民广场，水晶球并没有落下，就像在时代广场那样。街道上或者所有的酒吧里都没有狂欢的人群。就像圣诞的前夕那样，这只是上海的另一个周六的晚上。为了庆祝新年的即将到来，准备工作开始于 1 月 21 日并持续两个星期。真正的农历新年是从 1 月 23 日开始。

2012 年是龙年。龙象征着一位聪明勤劳的工作者，他从来都不会放下工作，尽管有时候这样会致使他停职。龙有足够的勇气去面对挑战。如果你对此感到疑惑，在我们老家还有羊、牛、蛇和马。但没有龙。如果你将它们每一种动物都仔细查阅过，我们敢肯定你会把我们每一个人所属的生肖都匹配到我们各自出生的年份去。

我们下决心要做的是：参加校园剧的演出、解决中文这一大难题、尝试新的食物等等。并且我们要选出在2011年中，我们最喜爱的时刻：我们刚搬进的新家竟然出现在我们饰演的第一部校园剧中、第一次坐上飞机并参观了马来西亚的热带雨林。用我爸爸和妈妈的话来说，因为这些所有美好的事情都发生在中国，而不是仅仅因为这里是中国。

不错。

第二部分：蜕变

亲爱的妈妈

2012 年 1 月

从上海到底特律

亲爱的妈妈：

今天早上，我准备登机，回家。离开了留在了中国的孩子们、丈夫和狗狗。出差办公是我这次旅程的其中一个原因，但我准备到您那儿去，不是去跟您讨论恢复的股息，重新回到投资级别或者是关于财产继承的传言。我们的业务获得了许多的好评。因此，您最好准备好纸和笔，因为我将要口头叙述一张购物清单出来。

鳄梨和香菜

自从六月份以来，我都没有再见过鳄梨，并且只是一个椭圆形高尔夫球那样大小的鳄梨就接近 15 美元了。我盼望着会有奶油般质地的鳄梨，少许蒜头，青柠汁和新鲜的咸香菜，还有一些脆片和一杯龙舌兰酒。如果墨西哥卷饼没有配搭上鳄梨沙拉酱，味道就很不一样了。可悲的是，在中国，甚至连酸奶油都算是稀罕的奢侈品了。我一直都在渴望能够尝尝新鲜定制的，尝起来黏黏软软的奶油鳄梨酱——我甚至会做呢。请别忘记香菜。在我看来，香芹只是一个劣质的代替品。

草莓

一个新鲜的草莓是红色的、饱满的并且多汁的。不需要奶油。拜托，这只需要浆果。浆果啊浆果，我很想念你。一个没有乳脂松糕的圣诞节。热带水果是罕见的，哎，但是，一个女孩是需要她的浆果。酸乳、磅饼、香槟，还有浆果。我知道这是一月份，但可以挑选那些在超市过道上存放的浆果，妈妈，给我一个吧。

当然了，如果通过任何一种方式可以拿回去给你的孙子孙女们尝尝，我们也会那么做。嗨，这就是真实的我！

排骨

如果一整个夏天没有排骨、土豆沙拉和玉米棒子的话，这的确是一个充满悲伤的夏天。我在澳大利亚的肉铺可以买得到排骨，但很不相同。并且，我的烤炉不够大，不能快速地煎煮排骨，我们也没有烧烤架子。刚用了一笔资金投入到空气净化器后——这似乎是另外的一种投资。这些汉堡狂热份子，也就是我的孩子们，非常怀念杰克制作的那些有名气的汉堡包。

上海的食物是很不错的。我们能够吃到印度的、马来西亚的、法国的、意大利的、韩国的、摩洛哥的菜式，并且你都能够尝到你想要的任何一款菜式，但在这里如果要找到真正地道且亲手自制受欢迎的当地菜式是非常的困难。

因此，妈妈，不需要去预订那些精致的餐厅。我不想上馆子去吃饭也不想去任何地方。如果不是太麻烦的话，我只希望我们可以聚在一起购物，然后把购物车给填满，拿好食材回家烹饪，这样才有家的味道嘛。打开电视观看着橄榄球季后赛，喝着冰啤酒并把外甥和外甥女们带过来。詹妮阿姨的手提箱里塞满了送给他们的礼物，而且她将会快速消灭掉低脂的健怡可乐和巧克力。

希望尽快见到您！

爱您的詹妮

备注：亨利想要您带些牛肉干——蜂蜜烧烤味的，拜托了。

安娜贝拉

2011 年 12 月（写于 2012 年 1 月）

马来西亚，兰卡威岛

我们在马来西亚的兰卡威岛度过了我们的圣诞节。一天晚上，我们参加了一个鸡尾酒派对，并且在早些的时候，在热带雨林里散步时，偶然间遇上了一对很恩爱的夫妇。他们也是移居到国外的美国家庭。他们之前一直居住在瑞士。

在热带雨林散步的期间，我们并没有遇到他们的女儿们，因为在前一天的早晨，他们突然想到来雨林散步。他们的酒店房间出现了 6 只猴子，它们是来寻找小酒吧里 6 美元的糖果的。

是的，我的确是说我看到了 6 只猴子。在给他们的父母打电话之前，女孩子们用她们的苹果手机拍照，然后把照片上传到脸谱网。在美国的朋友也许知道关于这个迷你酒吧的猴子袭击前酒店员工的这一事件。事实是，猴子在窗口上发出警告的信息并且它们那样做是有目的的。将你房间走廊上的门锁紧，否则的话，你会遭遇到一些不速之客。

在热带雨林散步的期间，我们习惯地交流旅居国外的生活琐事——例如，是什么原因让你搬到那里去的；你和你的家人怎么去调整自己来适应当这一过程；国际学校怎么样，等等。在这样的对话中，我赫然发现竟然出现了男女收入偏见的思想——每个人都假设着，是因为杰克工作调离的缘故才把我们带过来中国的。我们只能假装顺着他们的设想吧。

也许“假装”是用词不当吧。事实上我们不是故意这么做的。用女人的职业作为缘由而把整个家庭搬过来中国是一种相当罕见的说法。在中国，女人们工作是看在老天的份上，但在我们公司里少于5个旅居国外的家庭，是以其妻子的职业为缘由而搬家，而丈夫则坚守着家庭的阵地。并且，说真的，我工作的单位如今有太多的外籍雇员了。

不管怎样，谈话的内容还是从礼貌性变成实质性的问题，我一直都在避免暴露自己。因为我什么都不清楚：学校的午餐（试想下杰克弄了一顿可口的饭菜，但菜单呢，我不知道），体育运动（我知道学校有体育馆，啊，国际学校里还有社团？我不知道），国际学士计划（我知道我已经参加了这个课程计划，但预备课程的测试超出我的水平范围）等等。这是我的薄弱环节，完了，这种小把戏被拆穿了。

杰克暗地里喜欢这种小伎俩，因为这样的话，他可以以他的方式来弥补这种心理落差，尽管他是为了我而失去他的工作。随着我们的故事开始慢慢地讲述开来，令我产生巨大压力的是关于医生和生活必须品的购买，还有最令我头疼的薄弱环节，学校问题。杰克看着我傻笑起来。

我知道孩子们去看过医生，但我甚至不晓得我们国际保险公司的名字，因此怎么可能指望我会知道医生所工作的那所国际性附属机构或医院的名字，而且，怎么能够指望我对澳大利亚训练有素的儿科医生与英国和美国的进行比较呢。

在美国，我甚至不知道医治我们孩子的主治医生的名字（我也不会知道，因为医生总是换人，然后我放弃了）。说真的，这远远超出了我的能力范畴。但是，杰克，他知道所有的答案，更郁闷的是，他晓得我并不知道这些事。

当然，他是可靠的，他轻揉我的背部，暗示着我说出了正确的答案，当他戳痛我，暗示着我答错了。如今他浏览了一遍新闻，并再次对我微笑着，让我尽力去尝试，还跟我围绕“所有在国内发生的问题”进行讨论。他用一个会意的眼色暗示着我，对我还是表示怀疑。

因此，杰克埋头地跟那位丈夫对话，是关于我工作的政策和规章方面的问题，杰克把这当做是他自己的工作那样，随着他听着我努力地阐述着关于东方和西方解决数学的方法，并僵硬地说着国际学历组织和预备课程的计划的时候，我看到柴郡猫的笑容蔓延至他的脸上。最后，当被追问到哪一个预备课程最古老，我只能咯咯笑了。杰克赢了，我输了。

杰克稍微扭转他的身子去面对我这位可爱的女人，然而我感觉到自己很愉悦，因为他跟我解释简的课程细节，并且把它与英国学校和两所美国国籍的学校的“传统”课程相比较。他在中国过渡期真是太完美了。

说实话，我还没明白孩子们学校名字的准确发音。是“优聪”还是“姚聪”，我真的搞不清楚。

当我听着杰克的话语，并且尝试记住学校的名字如何发音的时候，我感觉到他靠近了我一英尺的距离，并且用他的手臂搂着我的腰。他正打算说出在我们家里，他是“妈妈”，而那个在他怀里的女孩对学校、医生、购物或其他任何事情一无所知，更不用说知道那些“发生在国内的新闻事件了”。我甚至不晓得我的干洗机怎么使用，他教会过我的，但我还是不会。他开心地沉浸在他的角色里，他知道这个角色对我和孩子们来说是非常重要的。我发现在他的世界里，他表现得很自信，令人惊讶。

当我们告诉这对夫妇，原本我们两个都是律师，但杰克“放弃”了他的事业而选择呆在家来照顾孩子们的时候，他们表现得没有之前那么震惊了。但当然，他们还是挺吃惊的。我们被追问了许许多多的问题，关于我们怎样做决定，怎么看待杰克在家照顾孩子还有我如何调整过来的？最后一个问题说明了“你怎么可能把养育孩子们的责任转交给这个家伙呢?”但是，这对夫妇，是无偏见的。他们敬了杰克的酒并与我们把酒言欢。

我必须要喝四杯酒来度过这温暖且愉快的晚上。在安达曼海上，太阳落山了，我们看着它从悬崖上渐渐从树层的方向消失了，于是，我把自己藏在丛林的露天鸡尾酒的长凳上，远眺着白色的沙滩和蓝色的珊瑚。孩子们正享受着客房服务，和猴子们一起在阳台上疯狂，而且我彻底地被身旁这一位男人征服了。我感觉这将是一个美妙的晚上。

我仍然能够听到黑眼豆豆（英国合唱队名）在我脑海中唱起：“我有一种感觉……那就是今晚将会是个美好的夜晚……今晚将是个美好，美好的夜晚……”

未完待续……

安娜贝拉Ⅱ

2012年1月

中国，北京

在我脑海里，反反复复不断地听到一些话。在这几周那些话总是回荡在我脑海里。最初，它们似乎只是戏弄我而已，但是随着时间的流逝，几件事凑在一起发生，那些话又开始在我脑海里挥之不去了。而且，我忍不住想着安娜贝拉，自从在兰卡威岛的露台上的那天晚上起。

"安娜贝拉。"她妈妈叫她。

我转过去，看到一位长得非常漂亮的年轻女士看着我们。这位一定是安娜贝拉。这位女孩跟猴子们在一起，猴子们爬进她的迷你酒吧里。

她真是一位引人注目的女孩。她拥有一头长长的、波浪卷栗色的头发。我想起来，比起她在瑞士的时候，兰卡威岛的湿气有可能使她的头发更卷。我不知道为什么我记得那么清楚。

她的皮肤是白皙的，不过由于日光照晒，有些雀斑印在她的脸上，她还拥有着常常令人心动的微笑。她穿着一条印有花布样的连衣裙，显现出她那纤瘦身形和修长的骨架。她可以控制无装饰的海军坦克车。她有邻家女孩般的吸引力，她一开始说话你就知道她有足够的实力。还有她口才很好，十分迷人并且十分幽默。我马上喜欢上她了。

“我想带你去见见詹妮弗。她和她的丈夫都是律师，他们现在生活在中国……詹妮弗是一位成功的企业女性……真的，你应该跟她聊聊天……发现并找出取得成功的必要条件……去做一位成功的女企业家……一位成功的女律师……”

菲姬和黑眼豆豆（美国歌手）的演出旋律在我脑海里停顿了……

我的一连串的不安全感，来源于我不知道我的孩子们学校的名字是怎么准确发音，这是一个涉及我成功与否和意味着什么的问题。我讨厌被问到对于任何一件事情的“成功条件是什么”，因为，事实上，我并不清楚条件是什么。

我同样讨厌被追问道做一位成功的女性的条件是什么之类的“填空题”。显然，假定我作为一个女人需要什么和杰克作为一个男人需要什么是不同的。这让我想起，尽管女权运动抗争了50年，但我们还是有很长一段路要走。不过，我离题了。

问题关于我“成功的地位”的感知与现实是不一致的。至少，我不是这样认为的。

我的工作头衔让人们觉得我在单位工作，比现实中的我更成功或者拥有更多的权利。事实上，这没有令我感到有成功感，反而让我觉得有欺骗感。我已经做得很好了，但当我把我的职责和真实的“地位”比较起来，就……

我得到头衔，级别和任务仅仅是因为这些都是我的要求（某些人也许会说我创造它然后要求得到它，那么他们说的也许是对的）。不久前，我一直在想，如果我自己没有追求，我是否会胜任这份工作呢。那就是成功的标志吗？我不确定。

我对是否应该接受这份工作，已经有一种妥协的感觉。在我抵达上海后，我有过职业生涯中激烈的一次思想斗争。这些思想斗争到处散播着关于我的流言：我因能力不足所以才被派遣来中国工作。

我做的都是有自尊心的女人所做的事情，当然了，穿上我的高跟鞋，黑色的铅笔裙和黑色的温文尔雅的毛衣去面对那些黑暗的势力。我发觉这双高跟鞋和铅笔裙在很多场合都很有用。我想知道男孩子们如何处理这些问题。或许，他们会以攻击女孩相同的方式来同样攻击男孩吗？我认为问题的答案是“不”。

虽然，站在兰卡威岛的平台上，我可以取得成功，但当我去美国，短短几周后就会被摧毁。

到一间大公司、律师事务所或者是任何一个机构找到你的出路吧，它们都是以传统与历史为中心围绕着很多事情，男人会有点狡猾。甚至到今天，令我更惊讶的是，如果你的处事方式变得越圆滑，你在公司里就会爬的越高。从政治学的角度，我想这对于男孩和女孩都适用。

爬得越高，人就越少，并且我们知道的东西就越有限。在某些方面，我们仍然可以装作无所谓的。在任何一间公司，一大堆女性任职领导层是罕见的。如果没有这决定性的数量，每一位女性领导都各自为政，这种情况显然不会令人满意。

在一月份的时候，当我去美国参加所谓的全球高管的会议，我才意识到令人厌恶是怎样的。我的第一个会议是和一位白人男高级主管一起。我在会议上，请求他们回顾下一些优秀的项目，比如说有关我在中国的任务。他却持有不同的看法。

他想和我分享一些工作上的建议。首先，他解释说要适当参与到等级制度去。我没有跟他的老板谈过话。让我觉得有趣的是，我们的老板是同一个人。不同的是，他提出，他高我两个级别，这明显地挫伤了我的自尊心。我印象深刻是在他眼中，我的等级水平，这并不是唯一一件令我感觉到自卑的事情。

其次，他解释说，尽管我被提升到当前这个职位——包括接管着整个亚太地区和非洲的组织机构，但一个“真正”的领导团队是不会认为经验和销售等级水平相互挂钩的。按照他的看法，“真正”的领导团队就是包括像他自己和其他白种男人那样，一味地向领导汇报业绩的人。我们的领导是一位白种女人，但几天后她将要退休了，并且由一位非洲裔美国人担当全球领导的角色。

他的忠告让我感觉更像一个威胁。我把他说的都转述给其他人听，包括我的爸爸，我的非企业型导师，连同在工作单位以外的女同事们，一致赞同这点。都认为那是一个威胁。

在周末，我甚至从一位女士那儿得到了更多的建议。这位女士我已崇拜了她好多年了，并且做这个行业有将近40年。她的开场白就是，尽管她花了40年时间，在这个行业里，付出了她的心血，但她仍然不相信在短时间内，事情会发生转变。她说：“要想从小会议室转型到董事会的会议室，现在对于女人来说，仍旧是一个例外”。并且更具体的是，如果我还坚持地去区分自己，那么我将不会得到更进一步的发展。“不要唤起你们之间的分歧，”她告诉我。

我持着愤世嫉俗的看法把这翻译成“多样性是可以的，只要不会让男人们感觉到不舒服”。我确定这不是她总结出来的要点，但是，无论是什么要点，光听声音就让我反胃。“要和谐。”她告诉我。

整整一代妇女经过一番挣扎后，好不容易才参加到工作去。这位妇女已经花了40年的时间在事业上，然后这位曾经不惜一切努力要成为公司官员的女人，如今告诉我：“它是不会改变的，所以不要破坏良好的现状。”这是真的吗？

不破坏现状，具体包括哪些事情我不能真正地搞清楚：不要吸引别人来注意你，不要太聪明，不要太小女生气，不要穿金戴银（也就是你的结婚戒指），不要参加或者组织一个全女生的团队，但也不要尝试做个男人。这真的看起像是一种暗喻的说法，就是不能太自信，不能太武断、不能太直接，否则你会被贴上婊子的标签。对于我来说，这样似乎是破坏现状最确切的原因。

具有讽刺意味的是，这个具有建设性意味的建议（我敢肯定，她相信这些建议全部都具有建设性的）一方面，让我听起来不舒服，另一方面，我无法控制住自己的泪水，从她的办公室里跑了出去。真不幸，这两方面我都做了。

如果，经过一两代人后，我们还没有进步的话，那么我们需要再重新考虑策略。当我用心算算完所有在楼顶层工作的“马尾辫（女性）”的人数，我才意识到如今这数目比我当初进来单位工作的时候更少。

准确地说来，那似乎是错的。你不觉得吗？

这位女人拥有机会，不管对她自己还是对于别人来说，为了改变现状并带更多的妇女来一起发展。她并没有。实际上，她的整个领导层的队伍都是男性。尽管严格来说，我视他们为领导亚太地区和非洲地区产业机构的成员，但是，由于我低于他们两个级别，并不能构成“真正的”领导队伍。

因此，安娜贝拉，回答你母亲关于“成为一位成功的女企业家的条件”的问题，我不得不老实地告诉你，我并不清楚。

因此，你可以按照以上的一些建议去做，或者你可以考虑下（正如我所做的）然后，决定去走属于你自己的路吧。

我告诉你这多年来我学到了什么：

●你不可能拥有一切。如果你拥有了一切，那么别人根本什么都没有。分一些给别人，并设法将你拥有的所有，仅仅用在当自己一无所有的时候。为什么那样做？我知道多数人不喜欢听到那样的话，但我觉得这是真理。

●你可以有你想要拥有一切，但它们将会转瞬即逝。因此，如果你真的想要一切，不要试着去同时拥有一切。

●你必须选择。你不要只选一次，你必须要继续选择。我的意思是，你不得不选择什么对你来说重要的，并且你要知道经过一段时间后它会改变的。慢慢发展吧。

●你最好弄清楚你的角色是什么，并且老实地接受它。我不能一味地呆在家里，要到外面的世界去摸清你自己的优势和不足，并用别人的长处来填补自己的差距。

●抽空去爱一些人，也让他们来爱你。例如，如果杰克不愿意去当一名全职爸爸，你觉得我们可能搬来中国居住吗？不，不可能的。

因此，我就不分享一些妇女提出关于“成功法则”的观点了。我就是这么现实的人。

我确实是，不过，我同意玛德莱娜·奥尔布莱特说过：“地狱里有一个特别的地方，为那些不帮助其他女人的女人而设的。”依我看今天的事情，我怀疑我们是否为对方做过任何事情。我不相信我们在一起已经有许多年了。就在这次旅途中，女人们都变得自信。

我同意波比巴雷特，他将以下建议给佩吉奥尔森，来自美国电影的“广告狂人”里“新来的女孩”的一段情节：“你永远不会升到高管层直到你开始平等地对待唐。还是不要尝试。只是做一个女人好了。伟大的事业会被其他人很好地完成。”

如今，无可否认的是，这一段情节令波比巴雷特创作了大量的博客。我的意思不是说你的行为举止要和唐德雷柏一样，这位风流男子，他的调情达到了最高的层次。也并不是意味着要你的事业要走向巅峰。相反，做好你自己就够了。你是足够的优秀，你能够胜任这个任务。

做一个女人吧。我们都是强大的。

所以如今，看了“广告狂人”几百次后，我不会再被安娜贝拉的问题困扰了。我不同意那些比我来得更早的男人们或者女人们说，对于一个女人来说最好的途径就是努力地随着事业的阶梯往上爬。没有一个适当的方法，没有秘诀。如果有，我们会看见更多的妇女在工业、商业和政治方面进入领导层的职位。

自从从美国返回到中国后，我开始几乎每天都穿着高跟鞋和裙子去工作，我喜欢这样。我也决定在下午五点钟下班。无论何时我都能够做到，原来我做的比我想的更多。

我避免开晚会，因为会妨碍我们孩子的就寝时间和我们自己的就寝时间。当我回到家后，我就关掉了我的黑莓手机，并在周末的时间不使用手机。我正努力尝试着在我生活的方式上重新来定义成功，并且放弃了关于什么是“成功的女企业家”或什么不是“成功的女企业家”的争论话题。我也不需要任何人去赞同我的选择，除了我自己。

当然，尽管我做了这些决定，但仍然会争取实现它们。另外……

“我有一种感觉……那就是今晚将会是个美好的夜晚……今晚将是个美好，美好的夜晚……”

十分有意思的情人节

2012 年 2 月

上海

我和杰克并不是那种卿卿我我的类型。我们从没有相互买过花送给对方，也没有谱写过我们相恋的恋歌。当孩子们上床睡觉后，晚上我们出去就是去一趟杂货店买 1 或 2 品脱的雪糕，坐在电视前吃着。晚上在孩子们睡觉前出去也是一样的，除了我们不用排队等着吃雪糕之外。

但是，当你在半途中强迫某人“全世界为你而工作”，你可以说是“欠”他们的。至少，你应该更努力一点。因此，我告诉杰克说，当安顿好孩子们后，我们才吃晚餐，并且我一从办公室回到家就跟孩子说我们都有宴请。至少，那就是计划。

计划的执行有点偏离了。

我穿好了衣服：黑色的铅笔裙、贴身的小毛衣和一双露趾的高跟鞋，我知道那样的话会让我的腿部看起来比实际更修长和更有力的。我花了一点时间准备了全套装备并尝试着穿得更加“好看”。当我离开家的时候，我想杰克一定非常期待我的归来。我觉得那样很好。起码他可以陪着我向车子走去！

我的计划本来是下午五点离开办公室，顺便光顾一下澳洲人开的肉档铺，挑拣一对牛排，买点酒水，然后来到雪糕店前停下，准备一些雪糕和一个特别的蛋糕给孩子们。当然，我却被耽搁了。

在六点钟的时候，我下了电梯并向车子走去。在这里，我不用自己去开车，我有一位司机。这是一件非常好的事情，真的。当我们离开的时候我会怀念这种美事的。因此，出于习惯，我发短信给曹先生，告诉他我正赶在路上。通常来说，他回复：“OK”来示意我他正在门边等着。这次他回复“10 分钟”，我想，因为他之前预想着我 5 分钟能到达。

天正在下着雨，导致其他司机都把车停放在前门。

曹先生被迫离开他的车位并绕着高楼走。随着更多的人出来，更多的司机把车停下来，导致了本就足够拥挤的高楼前交通堵塞严重，相比之下，洛杉矶的交通似乎小菜一碟了。

糟糕的是，曹先生从来都不会直接把车子开到门口——反而要我跑去车子那里。这辆车子看起来非常引人注目，所以要找到它并不是问题，但是曾经我坐在一辆车里，花了二十多分钟才摆脱堵塞的车流，然后才进入到正常的交通，车流甚至更密集。

我迟到了，但今晚我仍然可以挽回。我只能实行剩余的计划了。买一些牛排、酒和糖果来招待孩子们。

“今天是情人节，是吗?”曹先生问。中国人在 2 月 14 日是不会庆祝情人节的。他们是在农历的七月初七才庆祝的。通常是在 8 月份。但是，他们知道西方人在 2 月 14 日庆祝节日，所以在 13 日或者 15 日期间，鲜花的价格比平时的贵两倍。并且司机们都知道这也许是“先生们和女士们”出行的最佳时间——意思是他们今晚要加班。

“是的，”我对曹先生微笑地说。“我们去吃肉吧！”

“好的，杰克夫人。”他回答道。

“肉”这个词，我用来告诉曹先生我们想去茉莉餐厅，是一间牛排西餐厅兼来自澳洲的肉铺。牛排西餐厅在一楼，澳洲肉铺在楼上。

大雨严重破坏了道路交通，并且完全瘫痪了。当我感到越来越失望的时候，曹先生在中途把车子开到了非机动车道，用他的方式穿过街道，这是我之前从来没见过的。我们在车流中左穿右插，直到曹先生让我们摆脱了交通堵塞并前往“吃肉”的路上。

随着我们把车停到茉莉餐厅的门前，我打完了一个电话。已经7点了。我在钱包里拿出信用卡，并且要避免水坑和避开雨滴，我向餐厅门口奔跑着。客人们为了等一张桌子而排着长队，我越过了队伍并冲向楼梯口。我爬了四层楼梯，而当我意识到楼梯是黑漆漆的，那就是意味着不能够营造一个浪漫的氛围。这只是单纯的黑暗。我的心沉陷了……肉铺关门了。

好吧。也许我能够从牛排西餐厅买一对牛排带回家。

说来容易做起来难。原本我想要买生的牛排，但我并不能够很好地表达我要的是什么。我可以叫外卖，但我不得不等至少 30 分钟，如果我要准时回到家带给孩子们的话，是不可能的。因此，我决定实行 B 计划，并冲出门。

细雨绵绵。风刮起来了。我的脚湿透了。并且街上空无一人。似乎有些事情不对劲。曹先生在哪里呢？我在街上到处寻找但四处都没有汽车的踪影。嗯。不过，不用担心，我会打电话给他。

现在真的下起雨来了，似乎在这一秒的时间内变得越来越冷了。我的口袋完全是空荡荡的——没有电话，没有现金，没有雨伞并且不知道怎么回家。哎……

那么，并不能做什么，只有让自己回去茉莉店，请求借用一下电话，这应该沟通起来非常简单。我使用打电话通用的手势。你知道吗？你伸出大拇指和小手指，并且把你的手放到耳朵旁边。碰巧的是，在中国，同样的手势（不把手放在耳朵旁）意味着“六”。

竟然有人给了我 6 块人民币，一个菜单，一只铅笔，一套筷子，叉子，一条毛巾，一些方巾和一个座位。我就是得不到电话。工作人员微笑地看着我。我能感觉到眼泪在眼眶里打转，只想要他们明白我的意思，但真的不能帮助什么。因此，我决心继续。我开始搭讪顾客。我走访了四张桌子，一对好心的夫妇同情我并帮助了我。（后来我才了解到，一些人觉得我也许是在一个诈骗集团工作，并尝试借用他们的手机来打一个国际电话）

我想到的第一个电话号码－杰克的手机号。我不知道我自己的电话号码，我们家的电话号码，简的电话号码甚至曹先生的电话号码。我屏住呼吸地拨打号码。他会接听一个来自中国陌生的号码吗？是的，他会！

在7:35的时候，一辆像车子那样的物体出现在大街上。曹先生跳出车给我开门，并道歉。他之前认为我一直跟杰克在茉莉餐厅吃饭。当然他想到了这点。我大笑着，曹先生看着我像疯子一样，最后他也笑了。

我全身湿透了但我没有放弃。曹先生风驰电掣地开着车，在车子里的我感觉这样真的很有趣。我们前往Ole超市，这是一家以西式食品为主的超市，通常光顾的是外国人和中国的富人。我被淋湿了，感觉到寒冷，并且意识到已经很晚了。我必须把时间找回来。因此，我脱了鞋子。

我光着脚，用尽全力跑着穿过超市，用信用卡付完款然后跑回来，穿过街道好多趟，来到酷圣石冰激凌店。我买到了最后一个雪糕蛋糕和一品脱雪糕，跑着穿过嘉里大酒店并回到车中。已经7:55了。

在8点的时候，我最后接到了来自欧洲和美国的会议电话。当我打完今天的最后一通电话后，杰克把孩子们叫上床睡觉了。我却来晚了。

在刚过晚上8:00的几秒时间里，我跑进屋子里。曹先生拿着我的手袋并看了杰克一眼，用任何语言示意着“你娶了一位疯狂的女人。”无所畏惧地，我把蛋糕和雪糕放在桌子上，吻了孩子们，并向他们道歉。我留下晚餐用的食材在厨房的台面上，然后急急忙忙地走上楼去参与电话会议。我在我的床上铺开纸张，拨号，然后……睡着了。

谢天谢地，杰克和孩子们都没有抱着太大的期望，并且，他们还挺幽默的。

三天后的周五晚上，车子停到了办公室的前门，每一个人都在办公室里面。我在等待着我应该去的地方，我应该要到哪里。

我们去到浦西的蓓啦蜜娅罗马餐厅，那里最出名就是罗马风味的披萨饼和一些无与伦比的酒。后来，我们走到 WHISK，这家店拥有令人惊叹的巧克力甜品。我们拿起五块巧克力蛋糕和五份巧克力糕饼。

我们回到车子，然后回家准备游戏之夜，一边看着“美国偶像”一边吃着甜品。这比起我之前的情人节计划强多了。

朋友（“Peng you”或 Friend）

2012 年 2 月

上海

今天，在上海又是一个下雨天。唯一的不同就是我难得休假一天，并跟我的朋友们一起度过。确实，跟两个我最亲密的朋友在一起。

几周前，我们家迎来了第一位客人。我兴奋地欢迎客人的到来，虽然她只逗留了一个晚上。这位姑娘在这次中国的豪华之旅上“压榨”着我们。她是为了公事在这边出差，并打算在这二月份欣赏一下中国大好河山和美丽风景！她返回家前只是在上海呆一个晚上。

令我激动的是能够迎接她的到来，但当周五晚上最后到来的时候，我被打败了。正如往常一样，我是优柔寡断的。我们计划在晚上九点见面，但因为开心而喝了几杯后，我醉了。我真的想上床睡觉。但老公不允许并让我继续喝完之前许诺过的那一杯酒，然后才让我回家睡觉。骗子！

我们在新天地和卢玛见面。这是一间烟雾弥漫的酒吧（在上海）并且很拥挤，但是随着我们站在入口处并沿着乐队演奏的方向往下看，我们看到她了。这位姑娘是迷人的并且令人难忘的。她站了起来，疯狂地向我们挥了挥手，微笑着并追喊杰克的名字。在那个时刻，我是如此的开心以致于我没有回家睡觉。

并且，这让我感觉到更好。我无法用任何词语来描述这组乐队，他们只是登台演唱的经验丰富而已。如果要真正去喜欢它，你必须活在 20 世纪 80 年代的高中时期。这只是一支实力平平的翻唱乐队。他们受到了邀请，他们一个接一个地弹出响亮的乐曲，包括精心设计的舞蹈动作。

这简直是令人难以置信的精彩表演，看似糟糕，却充满了趣味。我们喝多了，大声地唱着歌，跳着舞（我们中的一人）制造出一些荒谬可笑的邀请，让我们把回忆带到了高中的时代，多年以前，我们就在这里成为了朋友。

漫长的时间过去了，超过了凌晨两点，我们把我们的朋友载到她的酒店门前，并下车，如此一来，她就可以在凌晨5:45赶上出租车，并且在到达机场前打个盹儿。随着我们踉踉跄跄地走出车子去道别，我们的司机笑着并说了句“没办法。”杰克搂着科琳并回答道：“我们的朋友没办法。”（不严谨的翻译是“我们的朋友是无法解释的，她就是这样。”）嗯，非常正确。这是个美妙的夜晚。要是令我们可以重新回到高中时代，那就更好了。

在仅仅和科琳见面前的几周，实际上我还在美国。这短途旅程被公事上的“繁琐事情”安排得满满的，而且我已经离开上海，留下的是家里的一片狼藉。我需要一个人陪我倾听我并与我分享啤酒。

我在大学认识的一位好朋友，她自己的生活也有些改变。也许我们可以喝着一品脱的啤酒，分享着各自的故事。还有一个问题，那就是她在佛罗里达州而我在密歇根州。但无论如何，我要打电话给她。

玛雅是那种连你的孩子都觉得她比你酷很多的朋友。在一年一次的美国橄榄球超级杯大赛结束的时候，我们的孩子就会去看玛雅。他们已经在“现场“或者“用磁带录音”关注着她很多年了。

有时候，他们看见玛雅拿着巴迪奖杯，有时候和一位运动员一起，但始终一直微笑着。我的职业目标不是美国橄榄球超级杯的大赛或者任何事情。

当我打电话给她的时候，她会接听，虽然我忽视了这段友情很多年了。并且有时，我也被忽略。当然，如果需要的话，我就会很依赖的。尽管我已经收拾行李准备返回上海，我还是打电话给她。我只是需要找一位值得我信任的人去发泄我强烈的感情。她没有让我失望。并且，我也可以报答她。

回到今天……我的最好的朋友，杰克和我一起共度时光，并帮我庆祝我的上海好朋友的生日。我爱生日。我确实爱。庆祝生命……这比其他选择要好得多。如今跟杰克和莉莉坐在一起，令我想起了科琳和玛雅，对于一个人来说，友情是多么的重要啊。

当我在前几个月抵达上海的时候，莉莉欺骗了我。在第一周，她让我继续搬家，然后接下来的十一周尽管我还在等待着我家人的到来。但实际上，没有莉莉的话，我会迷路，我会因为和杰克分开而寂寞，即使打再多的网络电话也补偿不了。莉莉则会理解我。

莉莉带我去参观了上海和曼谷。整个周六下午她跟我一起度过。她帮我弄明白哪里可以买到洗发水。在夏尔巴怎样点餐，怎样以独特的方式来预订晚餐。我们还一起布置孩子们的房间，一起购买珠宝，一起喝美酒和一起吃美食。

这是一种稳固的关系。莉莉对于我来说是某种心灵上的伴侣。跟她一起，我自己能够感觉到舒适、安心。

在那次的生日午餐上，跟我两位最亲爱的朋友一起度过，我是如此的开心。我的笑容是真挚并深沉的，正如我所强调的，我这辈子是多么的幸运能够拥有这些朋友，真的，他们都是极好的、慷慨的和善良的人。这些人让我开心，并且他们自己也很开心，给我这个机会去跟着他们独特和神秘的音乐的节奏去跳舞。

“朋友”和“peng you”都是朋友的意思。

爸爸，请您原谅我

2012年8月

上海

爸爸，原谅我，自上一封邮件到现在已经有六个月了。

一位精神病医生最近告诉我，说搬家是位列生活压力前五名的事件之一。他还说了搬去中国的阵仗很可能比搬去其他地方更大。如今，你也许会想知道为什么我会跟一位精神病医生谈话，但我要等下一篇博客才写出来。我只想说，当一个人带着三个孩子，一个伟大丈夫和一只狗狗搬来中国，当中迟早有人会需要看心理医生。

这就是压力。我不想死。尽管我们观察我们的孩子们用他们的方式解决了搬家的问题，但这导致我要重新评估搬来中国的决定。这个问题我经常会询问自己：为什么我会来中国？我来中国是为了我的职业还是为家人提供一个千载难逢的机会或者两者都是呢？当孩子们想家，想朋友，想番茄酱……那么，这感觉像是我做这件事是为我自己而不是为了我们。

在内心深处那些黑暗的地方，我从来不确定为什么我会这样做……但我为这样做过而感到开心。无论好坏……我是开心的。

爸爸，原谅我，自从我抱着忏悔的目的去教堂到现在，已经过了12个月了……

信仰对我来说是一件为难的事情。信仰上帝，信任别人，相信我自己。自从我为了祈祷亲自地步入教堂，已经有12个月或更多。这不是容易的事情，但在中国不可能去教堂。这不是关于教堂的问题，真的，而是关于远离教堂12个月并评估状况。忏悔也许让心灵会好受一点，但感觉肯定难受死了。

我不得不忏悔的是，这几乎在每一种可以想得到的方式里已经很艰难了。我忏悔我一直在努力寻求任何一种在我的家庭和我的工作之间的平衡感。我忏悔我还想着撒手走人，比我预计更经常想着回家。我忏悔我也是完全爱在中国生活和所有今年我们在此过程中的经历。我也忏悔我对此感到非常内疚。

爸爸，原谅我，我曾经有一种不好的思想……

不久以前，我发了封电子邮件给一位好朋友说“当你发现你赤身裸体在屋顶的瞭望台上，清醒地认识到没有过性行为，你就知道某方面出了严重的问题。”我还提及到试图在半夜的时候接到一个电话去跟在俄罗斯犯了乡愁的女儿谈话。可是，这样的影像看起来似乎可以复刻我们在中国的第一年。光着身子跑着穿过屋顶……我们的头发着火了……

我会冒险，并不仅限于想象，我并不是我们这伙人的唯一一个有不纯洁思想成员……不单单是性爱多样化。不，我打赌他们会想更多的“我想杀了她”的多样化。而且，真的，谁会怪责他们呢？我也有同样的想法，导致了下一轮的罪恶。

爸爸，原谅我，因为我曾经是贪婪的、自傲的、嫉妒的、并且没有同情心的……

泰国、越南、马来西亚、俄罗斯、德国、奥地利、法国、英国……大象、猴子、异国的鸟类、鲨鱼、刺鳐、狐猴……食物、酒、巧克力、剧院、音乐……和更多，总是有更多。

我不仅仅只是在每一小时，每一分钟和每一秒都爱着这些经历，我从来没有比向我们的孩子展示这个世界和跟他们一起去体验他们发现的事情更开心了。是的，我很自豪我们已经做了这些事情。而且，我羡慕那些可以做更多和做得更好的人。但，我抱歉。

我们比以前更亲近了……一部分是出于必要，一部分是出于分享经历和一部分是因为我们发觉我们之间可以相互依靠。这是真的：只要你没有被打倒，你会变得更强壮。我们让家庭变得更强壮。我们在某些个别的地方，有时也容易脆弱，如果这也说得通的话。尽管，我们的易碎性，从某一立场来看，也是我们的力量之源，接受着，并爱着……

爸爸，原谅我，因为我会……愿意重来一遍……

在两个月之后的欧洲之旅和去美国拜访家人，这帮家伙们仅仅用了五天就返回中国。我希望在第二年的趣事会胜过第一年，并多多少少会少一点压力。我的请求就是赦免我定期地寄信失败，并且自私地牵引着我可怜的家人满世界地走。尽管我一年没有到过教堂了，但我不可能会被赦免罪行或者减免罪行……

我不安地等待着这伙人的归来，并尽力去领会，比以前做得更多……

你们到底上哪儿去了

2012 年 8 月

上海

被冷落，我可以用这个词语来描述我此时的感受。被冷落，作为一位被冷落的女人，我的愤怒远比地狱来的狂怒者更糟糕。我相信丘吉尔说的，如果你发现你自己在地狱里，最好就是保持前行。因为如果你停下来，会变得更热。你会感觉到热的存在，我的朋友，因为你在地狱里！你最好一直向前走。

尽管里戈利不能够准确地说出那些话，我肯定会感觉到它有点“你们这些人到底去了哪儿”这个意思，当我在几个星期前回到中国。它来到门前，并直接跑向我们的司机曹先生。

更糟糕的是，它没有回到屋子里。实际上它尝试着钻进车子里。我有一半希望能够看见它的行李摆在门口，只是等着它装腔作势：“我在窗口旁等着因为我不知道有多久，现在你们回来了并且你们能够轻快地进门去……好吧，我展示给你们看，”它的尾巴啪地放在我的腿上，正如它以它的方式出门。

这样持续到接下来的十天。每天早上，我会起床把里戈利带下楼。给食物它吃，在碗里装满水，让它出去透透气，短暂休息下……我甚至让它吃奶酪。它仍然高昂着头并用它的尾巴拍打着我，走到前门喊叫。听见汽车柔和的嗡嗡声，它为曹先生而喊叫着，它并不是为我而流泪的。

它独自度过这几个星期，令我感觉到内疚（曹先生每天都带它出去散步。当然，他让狗狗跟他自己的女儿玩耍呢），我努力去平抚它伤痕累累的心灵，所以我搭它一程去我的办公室。它昂着头，拍打着尾巴，跳跃着进入车子。这是好消息——我正努力去弥补夏天犯过的过失而它也正接受着我的道歉。

毫无疑问，我已经误解了这状况。里戈利坐在司机和副驾驶之间的座位上。它昂起头，用它的尾巴拍打在我脸上。我并不惊奇。毫无疑问，搭一次车和给一些奶酪不会让我变回原来受青睐的庄园管家。然而，他们恰好这个时候就来了。

即使里戈利也许想假装害羞并跟我很难相处，那么它遇到它的真爱的时候会显得无能为力，杰克·福克斯。它听到门开了，然后我叫它，但它不打算要到楼下来，楼下就是三楼，是它的完美的空调套房，不是给我的。但是，当它听到贝拉、亨利和简的声音，它不再轻微地拍打了，一对难以控制的爪子在大理石地上敏捷地抓着。

当它面对着它的“伙伴”，它的尾巴在摇摆着（调皮地摇摆着），它直接向门口跑了过去。它停下来，并迎上曹先生，然后看了看他，似乎在说：“我对你的倾慕，对于我来说，意义重大，你们永远想不到的是，我无力抵抗他的魅力。”然而它要离开了。杰克差点摔倒在地。这种场面甚至令我感到不安。这有可能意味着“人类最好的朋友”的含义。

尽管我们重聚了，但聚会很快就结束了。“你们到底去哪儿了?”它一边说着一边慢慢往后退，并且更加接近曹先生。游戏回放……狗粮是它所需要的，或许甚至需要一个崭新的狗床。

第二年

2012 年 8 月

上海

我还在期望着第二年会比第一年有更少的压力。但是，得了吧，我们在谈论的就是我的生活，没有机会将要发生什么事。事情似乎有了一个好的开始。航班比较早，孩子们微笑地抵达了（稍稍的），我晓得怎么去点“棒约翰”里价值 30 美元的披萨饼，买了然后吃着纸杯蛋糕等着他们的到来。全部都好好的，而当涉及学校时就不一样了。

妈妈和爸爸之间的区别是远远超出了生物学的概念。我在这里概括一下，爸爸趋向于有点懒散式的，而妈妈是多一点管制式的。妈妈会仔细检查你的背包，不断地问你是否刷了牙，是否带了午餐和是否系好鞋子。爸爸则希望他们的孩子去完成这些所有的事情。坦白地说，如果他们忘记刷牙，忘了带午餐或者忘了系鞋带，不会死人。这些根本上的区别足以毁灭一段完美的快乐时光。

我们已经度过了一个漫长且令人讨厌的一周，接下来的一周甚至更漫长和更令人讨厌的。因此，在孤独的周五晚上，欢乐时光不是一种放纵，而是一种满足生存机制的需要。我想要一瓶酒和一些法式炸薯条并且我现在就想要。虽然这一刻我要把车停到车道旁去接送我亲爱的人。但最终，我带着三个孩子和两个校服袋子走进屋子里……嗯。

如今，公平地说，几乎每一个人都在咒骂着贝拉一收到校服的那一瞬间她就把那个校服袋子归为她的所有，然后分秒不差地上了车。每一个人。在一轮彻底地搜索过车子后，很明显袋子不在那里，而且贝拉就不能在周一早上穿上校服了。再进一步调查，简决定拿出男孩健身房的一整套“工具箱”。可以引用维尼熊的经典名句：“哦，天啊！”（回头看，我希望我能够挑一些词语去表达我的……失望。）或者车子是翻版的百慕大三角，又或者我们没有拿到校服。还有其他猜测吗？

一瓶夏日的柠檬汁啤酒正在叫我的名字，不，正在急切地叫着我的名字。并且，我的肚子咕咕地叫，好像在这个愉快的48小时内，我并没有享用过我喜欢的食物。

说真的，当我们收到袋子的时候，难道我们没有检查确定拿到校服的正确数量吗？没有人问过在去往车子的途中，每一个人是否都拿到了袋子，当坐上车后，当开着车时，当下车离开时，当走进房子时，不然的话，任何人都没有注意到有三个孩子却只有两个袋子吗？

不。这些都没有做好，因为妈妈没有去专业培训过。我不是说这是爸爸的过错，我只是在说没有借口可用了……你们自己下结论吧。

在一些尖叫声后（实际上比校服事情关注更多的是关于“迟来的”欢乐时光），我们决定这不是世界末日。如果我们需要买一套新的校服的话，那么，我们会买的。事情本应当平静下来，但在一个周五的晚上，孩子们脸上仍然还有泪水，在车上寻找着，在房间寻找着，在橱柜清空，等等。特别是这个周五，当学校隐约地出现在黑暗的角落里被认为是周六晚。

最后，四周围都是拥抱的情景，并且我仍然还在喝着我的啤酒和吃着薯条。杰克表现出幽默，并且我知道他在博客上做到了这点，就这么回事。当前，第二年似乎就是电影生化危机2的翻版。

附言：贝拉穿着她哥哥的另外一套校服去学校，并且看起来与其他女孩子没什么两样，尽管短裤有点点大。她的校服被她好心的父母上交到英国国际学校（我们已经换了学校），当周一开新生家长会时，杰克就会收到校服。

她也交到了另外的朋友……“Guy - Tai”的团队正在发展壮大。莫名其妙地，她总是以成功而告终……

神奇女侠

2012 年 9 月

上海

在中国，人们来了又走，走了又来。我的意思并不是人们会在大街上消失。在这里，当你是一个外国人，同事和朋友都是短暂的。他们会在去往新地方的途中……下一个任务，下一个国家，家。欢送派对就像退休大事一样……有许许多多饮料，演讲，食物和一些普通轻松的乐事。他们似乎既是美妙的也是伤感的提醒者，提醒着你的朋友们是世界公民。

一位年轻的女士在这周就要离开中国了。她是一位非常乐观并且真正有才华的人。她将要返回澳洲了。她离开家已经七年了。她花了四年的时间在英国，三年在中国。如今，是时候回家了。当她的感言结束后，我偷偷地退席了。由于时差的关系我感到疲倦，并且再没有心情喝下去，我只想回家。

我从房子里出来向这位澳洲人挥手致意，她走过来拥抱了我，作为最后一次的拥抱。她的话震惊了我，当她感谢我并告诉我，对于她和中国很多其他的年轻女士来说，我是一位鼓舞人心的灵魂人物。她称我为“神奇女侠”。现在你们知道我为什么要跟精神病医生谈话了吧——我几乎要在街上访问他们。

其实并没有什么所谓的神奇女侠，如果有，那不会是我。一方面，我没有全套装备且强有力的双腿。另一方面，坦白说，即使生了三个孩子，我却没有一双丰满的乳房。这些都让我感到纠结。但是，我的工作单位让我站在了年轻女士团队的前沿，像中国、澳洲和印度这些地方（时常令人折磨让我想起，我不再年轻），去讲述我事业成功的故事。我甚至不知道人们和一些组织请求我担任外场演说员。为庆祝“三八妇女节”，我被刊登在中国杂志上，把我的样子印在封面上，加上几句描述。这是真的吗？

我成为了曾经见过最没安全感的人之一。我真的持有我是一个完全彻底地失败者和任何成功的景象都是假象的这种想法。实际上，我正在等着有人去揭发我犯下的这种严重欺骗的罪恶。这揭发会即将来临，我确信。这已经导致了我非常焦虑。我睡不着觉。我吃不下东西。我有点混乱。

当然，我继续前进。我觉得这是对诚实的执着。我拒绝被抛在后面。我拒绝言败尽管我尽最大努力真心去做那件事，把失败从胜利中拉出来。不，我并不是要完全对立的。我是神奇女侠的复合体。正如巴克利所说的，我不是行为的榜样，问题是似乎觉得我就是楷模。

中国已经让我与专业领域绝缘。

我已经失去了我的女人“圈子”，被当做是试探意见之人，我的支持，我的力量和我的勇气。只是邮件和一年两次的不能消停的酒会。

我发现自己处于一个特殊的位置，这个位置使我不断地询问自己的判断力，也许其他人对它产生怀疑；并且，我第二次猜疑自己。不管如何，十字的旋转门拍打着我的屁股。并且，我的屁股很疼痛。

感知与现实能够如此难以置信的不同。虽然我不相信有神奇女侠——她只存在于连环画和重播剧里。但我正努力尝试着接受我已经到达了一定水平上的成功的这个想法。

具有讽刺意味的是，从表面上看，“我”取得了成功，尽管事实上，这位秃头的家伙才是真正的成功者。他是那种可以令一切事情都变得有可能的人。但是，他取得成功所付出的代价就是，娶了一位永远都不知所措的妻子。我一直都被应邀地说出如何找到“平衡”并且能够拥有“一切”的秘诀。我礼貌的回答就是，我并不知道“平衡”和“一切”的含义——对于每个人来说是不一样的。

但是，我应该注意到我确实最近拥有了“一切”。那就是在巴黎，我不用工作!!

我确实真心希望有人会杀死这位神奇女侠……

泼妇

2012 年 9 月

上海

世界上最好的建议被美发师给使用了。忘记那些时事论坛或会议室或者忏悔室吧。如果你想要好的建议，预约染发并剪一个漂亮发型，并准备泄露秘密吧。灵感来源于理发店里旋转的椅子。

今天早些的时候，在美国的家庭办公室里，我回忆着那些令人愉快的经历，当被告知如果我不把自己打扮得更迷人，那么我也许被认为是一个泼妇。如今，每当我被告知我需要把自己打扮得更迷人的时候，我都会觉得很讨厌。事实上，我是没那么有魅力。我讨厌被别人劝说要把自己打扮得有魅力——真的，我对此很讨厌。

因此，重述这则故事给我的那位聪明的和无所不知的美发师听后，当她放置一本叫《塔巴萨科菲》的书——

实际上这不是关于头发的书——放在我手里并告诉我去读这本书的介绍时我不应该感到惊讶。真的吗？塔巴萨？塔巴萨就是来自布拉沃的“抢救美发沙龙”和“决战三千发丝”吗？这就是大师的智慧所在？呃，当然，傻瓜。她是做头发的！

泼妇。科菲收回刚才的词语：勇敢，聪明，顽强，创造性和诚实。你自己努力做好吧，她说。爱着你内心的泼妇。此前我说过我对内心的泼妇形象让我感觉到安心，真的，我就是这样。

在我生命中，我真的发现被贴上泼妇标签也可以成为一种赞美。我只是不晓得其他妇女也有同样的感觉。更重要的是，我从来都没有意识到这真的不是个人的短处宁可说是引用了我的长处——他们可以很吓人，特别是当他们靠高跟鞋和紧身裙包装下。

塔巴萨有一个非常有趣的故事。她是由她妈妈和在她父母开的脱衣舞夜总会工作的异装癖者带大的。这不是你的典型教育。她早早地学到了要相信自己并去接受不同因为这是不可忽略的事实。她还学会一旦被别人称为婊子，那根本不能定义你除非你允许。并且，如果你是勇敢的，聪明的，顽强的，创造性的和诚实的，你可以用这些词语去重新定义你自己，不管别人怎么想你投掷石子去让你中断。

我读着这本书的内容介绍并瞬间感觉到是我灵魂的伴侣。那天我跟理发师进行了最有意思的对话，在三小时期间她帮我覆盖好曾经变白的头发。因此，当其他的事情失败的时候，记住：没有一个好的发型不能解决。我喜欢加上一对高跟鞋和连衣裙站在镜子前，但这也仅仅是我一个人的偏好而已。

魅力

2012 年 9 月

泰国，曼谷

这点确实成了一种系列……我要说的主题不变，就是“魅力”。正如我之前所说的，一些人觉得我需要把自己弄得更迷人。对于我来说，这个建议看起有点性别歧视的意思，坦白说，让我想知道什么“行为”才令自己变得更加迷人了呢。但是，鉴于我的孩子们也许会读到这些文字，因此我会停止我的猜测。

然而，这几个月来，我在重新考虑着（困扰着）这条建议。事实是这建议不断地出现，让我怀疑自己实际上是否遭遇到魅力亏损，杰克是不允许发表意见的……

为了确定我的魅力指数和在盐矿产区工作的员工的“预期的行为”的排名，我决定去对那些行为进行观察。是的，都被记录下来了。让我们看看吧：

●了解并对商业具有强烈的爱好

●演示和构建卓越的功能

●确保整个过程的科学性

●有一种持续发展的观点和实践

●相信这是一份需要技能的和可以激发你积极性的工作

●包括每一个人：尊重、倾听、帮助和欣赏别人

●建立稳固的关系；具备团队精神，开发自身和他人

●清晰地、简明地和直率而诚恳地沟通

●展示首创精神、勇气、廉政和好的公司公民的意识

●拥有一种敢闯敢干的，勇于解决问题的态度

●情绪恢复的能力

●积极处理我们的实际业务

●树立远大理想并且激励别人

●用事实和数据做出有效合理的决定

●对自己和他人负责并且能够考虑到结果

魅力这词并没有出现在清单上。你也许会对“可持续发展”或者是“建立稳固的关系”又或者是“欣赏别人”这几个条件有争辩的余地，除此之外，还有“勇气”“诚恳的沟通”和“对我们自己和其他人负责”都被列入争议的名单上。

让我们都诚实一点吧，这是一张冗长的详细一览表。它在荒谬的边缘，真的。我不仅仅需要一份清单，而是需要一张卡片附属于我们的身份徽章，为了提醒我们怎样去表现。没有人去有过幼儿园吗？或者，盐矿区实际上是一群狂热份子。

片刻工夫，想象一下整个团队围着桌子坐下，并讨论着这份清单上“预期行为”的建议。真的，你可以闭上眼睛静思一会儿，想象一下，这帮没有非常迷人外表的成员们。

尽管成千上万的男人（我意思是指男人）投入了不少时间，争论着每一个词语和每一个句子的最终特性，并且边界性的精神病患者需要把自己所有的表现都安装在一张卡上面，大小就跟我工作的徽章一样，五个字母组合的单词C－H－A－R－M不能够打折扣。魅力，我敢说，是明显的空缺。

因此，正如我父亲所说的："詹妮弗，考虑你的消息来源！"像往常一样，他是对的。有许多和我一起工作的人，我觉得他们不只需要一剂清醒剂更不用说需要在魅力学堂的一个或两个学期。但是，我没有将这事告诉他们，他们就是他们那样子，我只是需要跟他们一起工作而已。我们又没有约会。

并且，具有讽刺意味的事实是，如果我要去建议他们任何一个人需要变得更有魅力，我会……嗯，你能想象得到我会在哪里！

依据考虑的根源，一个简单的事实是，我也发现不了这些男人是多么的有魅力。事实上，当我看着这份清单，我抓破脑袋。如果你对我的魅力指数有异议的话，那么我要假设我已经满足了在卡上经鉴定后其他所有的先决条件，包括堪称典范的工作表现和核心的示范"领导行为"。

因此，这种对于魅力的攻击，就像称我是一个泼妇那样，这是你可以抨击我的最后机会。

感觉有点像被欺负。如果你愿意听的话我想我终于能够为自己的情绪发话了。我感觉不久前也被欺负过，比起我 10 岁的时候，我现在不再害怕了。区别在于我能够自己站起来。

因此，事情就是这样，魅力是我希望我丈夫身上拥有的某种东西，不是我的老板或者同事。工作单位的人会对我的魅力持有观点并且……嗯，你知道的。

小本经营在上海

2012 年 9 月

上海

设置延长的电话铃声，是我们的闹钟铃声长度的两倍，我几乎从床上掉下来。这只是平常的小事情，并且通常是这样的小事情迫使我起床，然后前往健身房。但是，在这个星期一，我继续打盹儿，拔掉墙上的电话线，把它绕回杰克的手臂上并且把电话放在他的胸前。这是我的假日，然而我肯定的是，我已经起床了并且做薄烤饼给孩子们吃，然后陪他们散步到车站，如果说这些事情都是美好的，那么用不着我做这些事情，杰克自然会去做薄烤饼，会带他们去车站，会喂狗狗并且还会给我带来一杯咖啡——我意思是他是每隔一天才做这些事情的（除非给我带咖啡）。

当电话再一次响起的时候，我挣扎着离开了杰克

（尽管很难），并且明确地表示我不会起床的，而且他应该早就处于一种准备就绪的状态。我再一次睡着了。大概过了一小时或者两小时后，杰克再次出现在我们的房间。

呃……要是我能够计划好今天早上要做的事情该多好啊。接下来的六小时的时间里，孩子们都去了学校。在上海，这里多云的天气使我们的房间保持着微微的阴凉。今天杰克是属于我的了，然而我还在床上……好吧，我们应该出去跑跑步。

此时此刻，我知道。你们在想什么，事实上，我也在纠结着。但是杰克告诉我一位伟大的女人的事情，她做了丰盛美味的早餐。我说了句“对不起，傻瓜”然后就起床，按照他的计划，我们跑几英里路，结束我们的跑步后来到她的小餐车前，狼吞虎咽地吃着早餐。“来吧，宝贝，你会爱上它的。”我会告诉你们什么是我爱的……恩，我不能让我们的孩子读到这篇文章。还有，难道我的屁股长得真的是那么抱歉吗？

难以置信的是，我起床了，然后穿上我的跑步服。

跑了两英里多的路程后，我看见人们排队站在外面，看起来像一间房地产的办公室。“那就是她。”杰克说着，温和地放慢了脚步。

那里可能有六个人在排队等着他们定制的早餐。闻起来很香。一点也不奇怪，这位可爱的厨师微笑地向杰克问候着。这位白皮肤金发碧眼并且有秃头的高大男人，在这里貌似比较显眼，一下子就让人记住了他的样子。他赢得了别人的赞美，只是我认为，如果换作亨利的话，会受到更多的欢迎。

早餐是由一片又薄又平的面包组成的，放在一个又大又圆的热盘子中煮着，我意思是热的。面团被卷到盘子里，再用一把大大的油灰刀来做圆周运动似得在盘子里旋转了一圈。然后，她打碎鸡蛋并把它融入到面粉里，加点青葱和辣椒。她从盘子里举起面粉，把它折叠成三折，添加了一种秘制的酱料，再折叠一次，然后把它切成一半，最后放进塑料袋子里。杰克就这样直接把早餐端上来。我还额外加了一只鸡蛋做我的鸡蛋饼。这种便宜的早餐真好吃，令人惊讶的是，这样饱腹感的早餐才花了 4 元人民币。比在美国的时候少花 1 美元。

这让我想到，在上海你能够吃得有多便宜呢？

然而，我在上海比我跟家人相处的时间更长，我几乎很久没有见过这帮人了。我知道哪里可以吃到好的牛排（查尔），或者是正宗的烤鸡（邦德夫妇）甚至是一些传统的印度萨莫萨炸三角饺（玛莎拉艺术）。当然了，在这些任何一个餐厅的晚餐都要花费我们几百美元，特别是如果我们想要一瓶葡萄酒（你知道，我们在一起都是要喝酒的！）。信不信由你，在这附近，一打薄烤饼就花费你 50 美元了——尽管它们是美味的，但真的值 50 美元吗？

因此，当我吃过了一些非常昂贵的东西后，我还没有像杰克那样到街上去尝试一下不同的菜式或者上海人偏爱的传统小吃。回到家后，我们冲完凉并决定我们接下来要做什么。本来呢，我有些想法，杰克却有更多吸引人的建议。在孩子们回家前，我们还有 5 小时的时间。因此，正如大家所期望的那样，我们上了车前往豫园。那里正在举办美食节。

小笼包是中国的面团布丁。这面团布丁通常塞满了猪肉，鸡肉或者蘑菇。面团被拉长，被填满的部分扭成一朵玫瑰花的形状。这样使面团布丁更加独特，虽然永远都保持着那么美味可口，但在包子里面有很多汁儿。当你第一口咬下去的时候，你必须要小心滚烫的肉汤，会灼伤你的嘴巴，但尝起来很好吃，味道很鲜美。

小笼包在上海的所有地方都可以买得到，并且是一种相当廉价的食物。我们去到豫园，从原出品最有名的店铺那里买了小笼包。如果你要买小笼包的话，这是一个相当著名的地方，所以这里的价格有点高。我们花了20元人民币（就是3.50美元）作为我们的午餐。我们的阿姨对于我们已付的价格是如此的惊讶，以致于她在这周晚些的时候会做美食给我们吃，所以这样就不用“浪费我们的钱”。

背地里，我想这就是杰克最初的目的，在早些时候他没能够吃到阿姨做的小笼包，因为阿姨说过面团很难弄。或者我觉得那只是她说说而已，说知道呢。

我们选择穆斯林面条作为晚餐。这些面条都是新鲜的，就摆放在你面前，是一家很小的店铺。生面团被拉长就像太妃糖一样，拉扯到像纱层那般，最后拉扯到一定程度，瞬间就煮熟。你可以添加牛肉、鸡肉、蔬菜或者甚至鸡蛋在面条上。我加了青瓜和鸡蛋在我这碗面条上。杰克则点了牛肉和青椒丝在他的那碗面条上。酱汁是清淡的，含奶油的并且仅仅微辣。在这间小店铺是没有叉子的，我还不是十分善于用筷子夹面条吃的这种方法。因此，发出了不该有的声响！

这样美味和令人满意的晚餐，青瓜鸡蛋拌面条花费了12元人民币和牛肉青椒丝拌面条花费了13元人民币——每份2美元。

在上海，这个特别的周一的餐饮总价格是：两个人的花费少于15美元。

尽管我的确很喜欢美食节，我也确实希望我们能够花费一点时间去做一些其他事情……但是你不可能拥有一切！

治愈周日晚综合征

2012 年 9 月

上海

真的，我过去常常对周日晚上产生了恐惧。恐惧的程度趋向于随着那时我对工作的感受而变化，但是，总体来说，我从来没有真正去期盼过星期天晚上。一周中我最喜爱的时间是周五晚上 8 点——这是整个星期的巅峰时刻。然后，我搬来中国。

在中国，每个人多多少少都会对周日的晚上产生恐惧感，并不是只有我自己才感觉到。当我到达中国的第一周住在小镇上的时候，我非常幸运地交到了几位好朋友。在那的第一周，这些朋友不仅仅照顾了我，而且他们还跟我说起他们在周日晚的综合征。这已经是众所周知的事实了。

如今，我感觉被迫要引出“我很努力地工作”这句话。我的强迫症无疑是与我信仰的天主教义有关。无可否认地是，即使我不再是一位优秀的天主教徒或者我不再有任何信仰，但有一些东西总是跟着你——像罪行。我犯过一次过失，复杂地来说是去挑战任何一位虔诚的天主教徒和多数优秀的犹太教徒。关于我周日晚上的沉溺，我完全没有感觉到内疚，但是，我仍然感觉应该要合乎情理。因此，就存在于此："我要努力工作"。是的，我一点也不觉得内疚。

要努力让这种宗教仪式发生，但是，无法想象的是我们会错过。

一切事情都有可能被缩短到最后的一分钟——我们把亨利从足球场上带回家，晚餐在桌子上。为了防止第二天早上去学校有遗漏而检查了背包，然后洗澡才想起来提示单被分发到年轻人中。随后我们跑出门，我和杰克用了40分钟的车程去到浦西，浦西在河的另一边。所有这一切有可能会有更大的麻烦，如果我们继续开车的话，但我们没有。曹先生把我们载到我们家门口，放下我们。

我们到门口了。没有停车的麻烦事。我们乘坐电梯上第八层，随着门打开我们听到：“詹妮弗，欢迎回来。”每周我都爱听这样的话。我知道我的名字印在书本上并且他们正期盼着我们的到来，然而，我仍然喜欢。

我们坐到灯光昏暗的接待区，服务员给了我们菜单和一杯茶。每个人都知道我们会去挑选菜式，但仔细地浏览菜单是惯例的一部分。在接待区的这10分钟我们都用在惯例上，喝着绿茶，浏览着菜单，打开窗帘并且确定我们的选择。当我们喝完茶的时候，窗帘打开了，然后我们接受了周日晚俱乐部的主人的问候，领着我们回到那间已经变成我们惯例的“房间”。

总共设置了两个房间，但是，有六个房间会属于我们。因为，我们浪费了四个房间，也会得到来自另外两双手的按摩服务。是的，两双手均衡地工作，让你的身体运行得更好。摆脱——没有理由去问问题。是的，两双比一双要好。

因此，当你还在观看周日的热身赛，我就拥有黄金时间和丈夫还有两个或三个其他的女人一起。至少我不会吃醋，也不会感觉到内疚……但是，上个星期我就会感觉到很紧张，未来的一周坚固的东西会在 90 分钟融化掉。并且，当我们完成了，就有茶和曲奇饼或者也许会有很好吃的巧克力布丁！或者，我们会在长廊酒吧逗留……

毕竟，周一始终会到来的。

亚洲风格的商务旅行

2012年9月

泰国，曼谷

一个企业领导的生活是丰富多彩的。你可以乘坐喷气式的飞机环游世界，你也可以入住豪华舒适的酒店，你还可以在高级的餐厅进餐，并且还能遇到一些有趣的人。其实，这就是我的生活。

如果你要升级到商务舱，因为你的航班在早上12:30离开，在凌晨5:35抵达，并且你要直接去到办公室开一整天沉闷的会议，紧接着就是一段漫长而有时会令人感到痛苦的车程去往酒店（这是东南亚地区和第一代的司机们……）他们会发现你呆在一个尴尬的位置，因为他们是不会接受你的公司信用卡的。并且，我的朋友们，这才是八天冒险旅程的其中一天而已。

这是雨季。这里没有抗湿气的发胶去度过泰国的雨季。我公寓的熨斗超时运作起来，保持头发的顺直和本色，但是真的，重点是什么？我看起来一团糟并且水肿了。(又名识别不出的膨胀)

我爱曼谷。事实上我入住的酒店真的很棒。房间真的很像一个小小的画室，并且还有丰盛的早餐和一个美景一览无遗的酒吧。当然，我付费了，但总觉得鸡尾酒的价格比实际更贵，并且我没有快乐享受的心情回到酒店。但是，最美好的事情，莫过于当我在曼谷的时候可以使用奢侈的西式厕所。是的，对于我来说，这是一种衡量奢侈的新方式。

也许你们还记得我的重庆之旅吧，“蹲”厕这个问题和腹股沟肌肉拉伤的问题。那么，当我去往泰国的下一站，奢侈的水准会稍微下降。登记入住到这间位于海滩上的可爱假日旅馆挺好的，除了我的公司信用卡不能用之外。但是，泰国人是很棒的。我还没找到比他们更加友好热情的人了。

这个地方有很多有趣的方面。海滩是很迷人的，如果你需要红颜知己的陪伴，你当然可以沿着海滩，沿着

“步行街”一直走下去，或者你可以在街道两旁的酒吧寻找。而且，如果你喜欢你的红颜知己是以一种衣着打扮成女人的男孩或者变性女人的方式出现，你也同样可以找得到。

当然，我的房间在海滩边可以看到美丽的景色，但是同时它也挨着一个非常受欢迎的露天饮酒营业店铺旁，这很吵闹，因为有一支水准不高的翻唱乐队一直演奏到凌晨1点。

当地时间今天凌晨4:30，开始要准备一个关于“全球团队”的会议，但我睡过头了。这只是今天所发生的事情……无论如何，不用我付出代价。在早上7点，我正赶去工厂的途中，尽管迎面而来的是堵塞的交通，有一辆自行车、摩托车、汽车甚至一辆装满鸡肉的卡车在前面堵着路，但这位司机完全不担心行驶在错误的道路边。等到我到达工厂的时候，我需要一杯咖啡去让自己平静下来。

喝过数杯咖啡后，不可避免的事情发生了，我竟然在这个地方找不到西式厕所。我高兴地跟你说我已经掌握了（在某种程度上）这种厕所的布局了。

我对那些要计划去东南亚旅行的人提点建议——还是蹲着吧。我看不到我妈妈这样做过——妈妈，请勿见怪！

最后我大约在晚上 9 点返回酒店。我饿了并且距离我的下一个电话的响起——马上被北美洲的电话唤起了。我有 30 分钟的时间。房间服务是不错的选择（当然不是免费）。

在晚上 10 点的时候，我已经结束了这一天的事情。明天，我要动身去下一站。越南、中国北方、印度……谁晓得呢，但不会乘坐私人飞机或者入住五星级酒店。

穿什么衣服去吃午饭

2012 年 9 月

上海

我并不经常在外吃午餐。而恰恰相反的是，杰克设法把午餐文化融入到他的中文课作业里去。他努力地在他喜爱的街边小贩那儿用当地的语言来点午餐。事实上，他做得相当出色的。

我呢？我仍然和说我的本国语言的人在一起吃午餐（巧克力）。中国人不是很喜欢巧克力——我知道这是一种奇怪的现象。因此，当我应邀代表公司参加一个包括午餐在内的活动的时候，我推测那里会有一些丰盛的食物，并且有可能会有一些巧克力。但到目前为止，我还需要了解更多……

原来所谓的午餐需要坐在车上，然后奔去路程遥远的餐点。我们花了 90 分钟才到达用餐的地点。我知道，这是上海，但是，上帝！如果不把那“交流”的20分钟包含在内的话，单单是吃午餐已经花了大约110分钟了。并且，驱车返回的路程是足够的漫长以致于我们有足够的时间去拍摄电影速度与激情5，这是一部我一般不看的电影，但此时此刻，车子内的杂乱无章的情景让我想起这部电影，并且我们有很多时间去消磨。

与往常一样，午餐时间也要跟密歇根州的州长一起共享。但并不是每一天都要跟州长一起吃午餐。（我已经习惯自己平时很少吃午餐。）我不是完全地确定我正期盼着什么，但是我确实认真考虑过我的衣着。

州长，共和党的人。我想他应该是保守的、乏味的并且理智的。对于这次活动来说，裹身裙看起来有点太“随意”，对这次活动来说长裤与长衣配成套的衣服看起来有点太希拉里克林顿的感觉（我喜欢她，所以我观察到）。黑色的铅笔裙也许发出一个错误的信息——这不是“广告狂人”里的情节。

我选定了保守打扮，就是一件无袖的灰色连衣裙，这还是我一月份在城镇的时候，我的外甥女在诺德斯特姆公司挑选给我的。灰色的连衣裙、黑色的毛衣和保守的珠宝看起来是风格和实质的混合体。当然了，我穿了一双细高跟鞋。我由此获得了一些乐趣。

噢，我要坚持去证明给孩子们看我真的有跟州长吃过饭，除了拍照以外，我跟他没有其他的互动。跟我同桌的就餐者对我一笑置之，你知道吗？他们想要同样的照片，但没有勇气去问。我怀疑是否我这双红色的鞋子吓到他了？

啊，我差点忘了，甜品是大理石芝士蛋糕！我觉得这次车程挺值得的。

你的配乐是什么

2012 年 9 月

上海

一天早上，我们都围在杰克的电脑旁查阅着我们能够想得到在播放器上的每一首歌曲。简在寻找着她的配乐，否则就会被老师描述成：“歌曲反映着你是什么样的人，在某些方面代表着你自己。”当然，这只能解释为，她第二天的戏剧课上使用这背景音乐，不能够太接近真实。毕竟，她是一位深藏不露的、神秘莫测的和优秀的人—— 一位 14 岁的女孩。

我爱这项作业。我清楚地了解这首我为她挑选的歌曲，因为这是一首在她还是婴儿的时候，我在晚上给她唱的歌：“你是我的阳光”（伊丽莎白 · 米切尔）。她确实是我的阳光，甚至在她遭遇最黑暗的时刻——正如我所说，她 14 岁了。但是对于她妈妈来说，挣扎着把她带到这个世界，这不只是她能够理解的，她是太阳，她是月亮和星星。

当然，当我建议用这首歌曲的时候，我看到她的眼珠在翻滚着，只有她才能够做到。“妈妈，这是一首我认为可以反映我自己的歌曲，而不是一首你认为可以反映我的歌曲。”在周日早上 8 点钟，上演着这出嘲讽的闹剧。好吧，那么这首歌怎么样，能表达我对你的心愿：“我希望你翩翩起舞”（李安·沃马克）。这遭来更多的白眼。

我们和爸爸一起挑选歌曲很开心，她笑了，像淘气的潮流。“我不确定那意味着一种赞美，爸爸！”“那么，这两首来自百老汇音乐片‘当你是一位亚当斯人’或者‘全面透露’怎么样？”他反驳道。“爸爸！”你在脑海里想想那个画面吧——我们正在制造出很多乐子，她只是想阻止并反思一下——特别在我们面前。

因此，最终，我和杰克返回 U2——一个我们这一代人聚集智慧结晶的地方。“我仍然还没找到我要找的东西。”简笑了但不确定是不是为了她自己，因此这音乐书收藏室的体验之旅开始了。

这让我想起关于我自己的配乐。我必定会挑选“我仍然还没找到我想要的东西”（因为我估计很多中年人，也跟我一样有如此的感慨）

但是，随着时间的流逝，产生了很多曲调。当我还是一位小姑娘的时候，我父亲叫我“詹妮喷气机”。他起这个小名是来自埃尔顿约翰的歌曲“本尼和喷气式飞机”。

如果这是我的功课，我的配乐就如以下列表，连同其他几首：

“背叛者”……帕特里克·奥赫恩

“上帝帮帮我”……邦尼·瑞特

“无垠空间”……狄克西女子三人组（南方小鸡合唱团）

“足够强大”……雪儿·克罗

“×××'s 和 OOO's（美利坚少女）”……翠莎·耶伍德

“家”……爱德华·夏普 & 零磁

“这就是我们”……艾美洛·哈里斯 & 马克·诺夫勒

“黑暗的一面”……凯利·克拉克森

“无意示好”……狄克西女子三人组（南方小鸡合唱团）

我会让你们找出答案。这都是我平时生活状况和情形的缩写。

当然了，在我头脑中有一首歌曲是送给其余两位点燃我生活的“小”精灵（不，黛比布恩不在列表中）。亨利很有可能想杀我如果他读了这篇文字，然后听起“他的”歌曲，是来自南方小鸡合唱团的歌——我知道那对于一位男孩来说是不幸的：“一路平安。”

我猜想着你们没听过这首歌曲吧。查阅一下。从我听到这首歌的那一刻起，它让我想起了亨利。当我去跑步的时候，这是我播放器里的最后一首歌。我喜欢听着这首歌来结束我的跑步。它总是能让我微笑和哭泣同时进行。如果你们决定不查阅，别担心，我打算在他的婚礼上与他跳舞，配上这首歌曲，那么你们就能够听得到。

当提到这座房子的小女人，真的不难，可以选定：“你就是你”（布鲁诺·马斯）。她在各方面都是一个完美的母亲。我甚至喜欢那些缺陷。她的顽强不屈和一颗善良的心。她那“我能够做到”的态度和“也许你应该握住我的手”的一种现实状态混合着。

我喜欢那些小小的棉花糖，有着坚实的外表和软绵绵的内在。我喜欢她的幽默感、她机灵的话语，并且事实上在她十岁那年，如果没有了粉红熊，她仍然还不能独立睡觉。她带着那只小熊已经到过埃菲尔铁塔和跋山涉水到长城了。

并且，杰克……呃，他在我的列表之内，不过当然了，他有一个要求：来自摇滚小子的“美国恶棍”。我甚至不敢听。

事实是当我听到来自兰迪·特莱维斯的“永永远远，阿门”的这首歌曲时，我想起了我们，想起了他。我在这儿不多说什么除非我变得幸运。我生活在地狱但我爱着杰克多过爱我自己，而且他是像我这样一位女人能够拥有最好的伴侣——几乎没有男人可以胜任这个任务，极少数。

谢谢这令我如此惊讶的坚持，宝贝！

事实上简挑选了来自奎克叔叔的“渐渐疏远”。后来杰克用同样的歌曲作为配乐来配上他第一年在中国拍摄的视频照片的背景音乐。

如果不告诉你们简也为她爸爸而挑选了歌曲，那就是我的不对了。来自美国乐队 LMFAO 的“我知道的性感”——没有衬衫，没有鞋子，而且他仍旧可以得到服务。简遗传了她爸爸的讽刺人的特性——明显地！

如果我今天能够为我们挑选一首单曲，我也许会选定来自艾美洛·哈瑞斯的“如果我需要你”（二重奏专辑）。中国已经成为一个经历我们会以我们自己的方式去珍惜它。但是，我相信如今我们都了解到，我们想知道的关于我们爱的人问题的答案……如果我需要你们，你们真的会在那里吗。我们果断地知道那问题的答案。

哦，免得我忘记了，杰克挑了我的第一首歌曲——

只有一首歌曲是送给你们的：来自法兰克辛纳屈的“我的路”。

好吧，就这样。点击音乐软件或者音乐播放器，然后听一听。

姐妹们

2012 年 9 月

上海

我也有一些属于自己的姐妹们。是的，我回忆起在我们生活上的某一时刻，我们全部人都想相互勒死着对方。有时候，我们也许还想那么做但是我们反而理智地对着我们的丈夫大喊大叫，让他们困惑于他们做错的事情是什么。

我的女儿们都还没有结婚因此她们又将这一幕搬到对方身上。这让我很心烦。如今，当然了，她们相互爱着对方（或许她们会抱怨）她们偶尔在彼此的最后一根神经下跳起探戈舞。这让我发疯。真的，完全地，发疯。

当我回到家，我想得到和平与安静。并且，如果我不能拥有和平那么至少也想安静。但是，面对事实吧，我们有三个孩子，一个大男人和一只狗狗生活在局促的方寸之间。那当然是没有和平，必定是没有安静可言。我们最大的孩子——在10月15日将要15岁了——是一位难以理解的怪异可人被称作是青涩少女。并且，是的，妈妈，我能确定她真的好像我，因此你对我的诅咒已经无情地慢慢成为现实。

在中国，可爱的女士们可以分享一间卧室。这间房间是特大的。不是大，也不是超大而是特大的。真的，这让我想起在鲁尼恩河边我们的小别墅里，我的妈妈为我们创建了一个房间。房间里容纳着四张单人床和四位女孩——全部都挤在一个房间里。不幸的是，尽管这是个客观的事实，但房间实在“太狭窄了而不能够分配。”

简将她自己锁在她的浴室里，并同样将卧室门锁上。简上了双重锁把自己关在里面，把我们关在外面。郑重声明。当贝拉用力重击着房门，她尖叫起来。“这也是我们的房间!”简从来都不听，因为那些耳塞把她的耳朵都黏上了。这不是和平，这不是安静，这是地狱。尽管是丘吉尔的建议，我依然不能再勇往直前。

这几个月来，我已经一直都跟她们两个说：“在我的一生中，我从来没拥有过属于我自己的房间。实际上，恰恰在那个时刻我将要拥有我的房间时，你们爸爸在洛杉矶出现了，他没有工作，也没有钱，还没有地方留宿。因此，停止抱怨吧。我第一次拥有自己的房间时，很有可能会躺在棺材里。

好吧，也许有几分恐怖也有几分谎言，事实上我不想要一个棺材，我是要被火化并扔连骨灰扔进塞纳河的。这是真的，女孩们。

事实证明，吸引力不是一种选择。面对事实吧，没有一个 15 岁的青少年会跟一个 10 岁的小孩子去逛街，除非包含有每小时 8 元的美差事。因此，这就要我去彻底解决这个困境。和平与安静也能够被买到，我决定了。而且，我打算今天就去买。

我请了假并可怜兮兮地跟一位导购去了宜家。看，这是中国而不是美国。你不能够周末去宜家，并且你去宜家不能没有一位导购。在周末，你会发现本地人在床上睡觉，坐在椅子上，在厨房的样品间里吃午餐，把他们的宝宝放在婴儿车上，自己打盹儿，对了，他们甚至使用宜家的展品洗手间，那并不是真正可以使用的洗手间。这就是中国，他们立了标志并且设置了警告牌，然而……

明显，我不打算自己来做这件事。在美国，标示是用英语写的，离开宜家，我不能够找到我的路。不，我需要一位导购，然后我去了并找到了一位。一位来自路易斯维尔的女人，当女孩子们让我抓狂的时候，她一直都准备着一杯波旁威士忌带着身边，这就是宜家的专家。

嗯，我带着这位来自路易斯维尔的导购一起去到宜家。我不能确定瑞典人的感觉是怎样的，但无论如何，我还是做了。

在3小时内，我们要买的：

●一张带有一个十分酷的滑动部分的沙发，让沙发变成了双人床。

●一张铺在沙发、床上的薄的垫子

●一张带有轮脚的桌子可以放置东西

●一个可以连到门口的窗帘杆子

●一副带有窗帘杆子的窗帘

- 两个枕头
- 三个抱枕
- 一张羽绒被带有两个枕头套
- 一张毛毯
- 一个大的闹钟
- 一个带有别针的床头台灯
- 两个塑料的洗手间收纳箱
- 一些餐巾纸
- 两箱塑料袋子
- 两个挂在外面阳台的红灯笼

好吧，最后三项物品跟这篇故事没关系。我们可以通过导航来找到我们在宜家迷失的方向，并且找到付款通道，然后付了款，走去商品送货区。

商品输送需要花费一点工作量。桌子和长沙发估计今天就能够运送出去。然后，直到明天才可以把它们送过来。接下来，如果桌子不能够完全被运送过来的话，我应该打一部出租车。我们来回折腾了起码 30 分钟后，苏找到了一个拥有一些英语水平能力的人。我发现，在中国——我应该做一些努力，但如果离开了贝拉，我连一块福饼也买不到。

最终因为商品配送的缘故，我们自行走到食品杂货区。买了巧克力、肉桂卷和啤酒——是的，啤酒。没有任何一个人在宜家买瑞士啤酒吗?

宜家送货的人已经刚刚离开了。宜家装配的人会在周四和周四晚来，我只花费不到 1000 美元，就可以拥有平和与安静。如果我不这样做，你将很有可能在你住的地方听到叫声……

我与阿姨及中国的安装工人

2012 年 9 月

上海

我之前答应过更新日志：我相信在我们会和平的，在这个时代里、在我们这个小家庭里、在中国这个伟大的国度里。

在中国，几乎没有什么事情是做不到的，如果你知道哪里可以去，问谁和怎样讨价还价。我意思是，看看你衬衫上面的标签，去吧，我等着。（当你去看的时候，哼唱着一首小调吧）

正是如此！这就是中国！

我的好朋友莉莉从欧洲度完长假返回来，发现她的家需要装修一下。我把这位中国的巧匠的戏剧性事件记录杰克的脸谱网上。在中国，这是典型的戏剧性的事情，但最终还是美满地完成了。

今天，我有我自己的小冒险。

在早上 9:30 的时候，安装工穿着一件蓝色的工作服，拿着工具箱来了，他的工作定单塞得满满的，有些到他的裤袋外面。他准备上楼到“房间”去，这个“房间”是在白天专门免费给父母去闲逛，然后到了晚上作为贝拉的卧室。这间房间没有门。开放式的架子把走廊和通向我们房间的楼梯还有通向一楼生活区的楼梯隔开来。我们成功的关键是我们找到一种方法去隔离这片区域，并且创造一个私人的空间给贝拉而不是一整天都在封锁着。

我这位来自路易斯维尔的朋友苏有一个很好的主意，在两次宜家之旅后——就像目标一样，你不能只去一次，也不能比你预期花更多的钱——我们保证了储备量：三套窗帘，一根十分长的窗帘杆，四个墙上的梁托和一根可张开的浴帘杆。这些物品——连同可以转换成一张双人床的长沙发，枕头，抱枕，配饰和一些重新排列的图画，另外，随着数量增长的随身物品的转移，让简抓狂但贝拉尖叫——打算打造一间非常棒的“卧室”。

在 10:00 的时候，长沙发被组合到一起了，但搞错了方向。在很多次尝试用手势（你们会觉得“把沙发转过来面对电视机”这种摆设会普遍一点，但显然不是），我叫了阿姨过来，她立即意识到问题的所在并行动起来。下一步，这位杂物工装配桌子的脚轮和一个玻璃的顶面，那里放置了我的全家照、朋友的照片和获得学校的奖励的照片。核对无误。

在 10:30 的时候，纸板和塑料到处都是。这位安装工原本没有打算去悬挂窗帘杆子。这根窗帘杆是第二次的灵感。不过，正如我说的，这是中国。一个仍是现金之王的的地方，并且如果只有少量现金，就要经历一个漫长的过程了（除非你正在买肉桂香脆吐司），特别在服务行业中。阿姨和安装工聊了一会，这是一种交流。声音慢慢变大然后她找到我说：“si shi kuai”——40 元人民币。这少于 7 美元。成交!

我们的墙是用混凝土砌成的，在上面悬挂任何东西都是一件非常困难的事情。一种真正的煎熬，这就是我知道杰克为什么不这么做，在这里老实说吧，他从来没有把桌子拼在一起。因此，我们谈到这，安装工、阿姨和我盯着天花板和书架上面的一小片区域的墙，窗帘杆不得不穿过那里。“Bu Hao!”这位杂物工大叫道。（这的意思是“不好!”）

嗯。他在钻孔并再一次说“不好!”这并没有按计划进行。阿姨开始指出他的错误并大叫着（这在中国很平常——在这里非常吵）然后指向我。我坐在楼梯上并等待着。在某一时刻，如果我听到“詹妮弗”，这就是给我的提示。因此，我下来耐心地等待着。不超过10分钟当我听到这种提示信号，我一股溜儿地起身，缓慢地越过成堆的纸板并进入到这间房间。

我不知道下一步我要说什么。20分钟的大嗓门谈话，太多的手势和普通的骚动。他们大部分谈话似乎针对我，并且，就像我听不懂这样的事实，这种谈话变得更大声。

我能够听懂的词语只有“不好”，因为这是通过响亮和清晰的声音来让我懂得的。我拉出电脑，求助谷歌翻译来尝试跟阿姨和杂物工去沟通，但都无效。最终，阿姨拨打了电话。

我们确实应该在家里安装一部红色的电话。因为当其他所有事情都失败的时候，阿姨发出“超声波”并打电话给我的行政助理。这就像通往美国总统的热线电话一般。笑死我了。电话总是被占线——无论白天还是晚上——并且有人一直向我道歉因为我不会说或者不懂中国话——真的吗？

茉莉和阿姨谈了一会儿，然后茉莉和安装工人谈话。我仍然坐在楼梯上等待着叫我的指令。“詹——妮——弗！”电话在我的手里。“你好，茉莉。”茉莉笑了。是的，这就是将近 18 个月所有我能够说出的内容。老实说，我对关于这冲动是什么，并没有抱有世俗的观念。茉莉谈论一些关于孩子们的事情与安全问题，但是，最终，没有一个话题是对我有意义的。

我看着安装工人，走到楼下并抓起一瓶零度可乐，一个水壶然后弹回到楼梯处。我给他 50 元人民币。他笑了。爬在梯子上的安装工人，弄着窗帘杆，上了窗帘，然后在这间房间完工。

这位安装工人用一些东西固定好正确的位置，在混凝土上钻孔，然后奇迹般地，安全问题没有了，并且杆子被安全地固定在墙上。阿姨笑了。当他在收拾的时候，他问我他是否可以留着我给他的这只铅笔，我点点头。我也给了他 100 元人民币。他将他的名片递给我。我可能会悬挂其他物品，你们很难猜得到！

在 11:45，我把被套套在羽绒被上，把枕头套套在枕头上，把游戏机放在桌子上，枕头和羽绒被子都储存在柜子里，小摆设都被放置好了，并坐下来欣赏起这间房间来。阿姨清除掉大多数的纸板和塑料，然后回来到楼上，四周看看并对我笑着说：“Ni hen hao!”（你很好。）

为了 20 美元，我们齐心协力把房间搞好，孩子们会喜欢并且贝拉会发现这房间适合她。迫不及待地想让她回家然后看见这一幕。今天，我同意——“wo hen hao”(我很好)。在中国，你可以去创造它、发现它或者完成它，只要你办事公道，光明磊落。

12 小时

2012 年 9 月

上海

你知道当有些事情让你觉得不对劲的时候，内心那种强烈的感觉是怎样的吗？今天当我看到美国的一封电子邮件的标题是来自于我的职能经理的——“强制性的团队建设的会议”——我就有那种感觉了。那种可怕的、令人沮丧的感觉告诉你不好的事情来源于这方面。

让我们假设一下，只是为了方便讨论，你就被迫建设了一个团队。如果你暂时停止怀疑，那么你同样可以假设一下，你能够在 12 小时内组建一个团队吗？如果可以，你就是一个奇迹的创造者，我很愿意跟你握手呢。

团队建设是一种新型的企业梦想。当事情没有像我们计划那样子进行的时候我们将它展现出来。我们开会，非现场的，一个团队建设的会议。我会马上地公开发表意见，说这样的活动是无用的，并且是浪费时间、精力和生产的事情。没有人想要到那里去，尽管无论他们在那间房间里同意去做什么，但当他们退场后会理解并予以否认。团队建设真是异想天开。

疲惫不堪？也许吧。但在我 20 年的职业生涯里，我还没有参与过一项建设团队的活动中去。事实上，最后一次参与（今年一月份），导致我被责怪没有与“团队”分享足够的个人的信息。这个团队是那些想毁掉我和我的职业的人组建的。为了“帮助他们来了解我”，我应该泄露我个人的信息，他们可以用来操纵我，以致可以发现我的压迫点和不安全感。不，我不这样认为。不是我，不是本人，绝对不行。

如今，数月之后，我们再一次在这里。我怀疑这和我持续缺乏魅力是有关系的。当然，我不会去。这也许是强制性的但除非你准备把我放进直外套里，然后迫使我登上飞机，否则我是不会参加的。说实话，我是有计划的。我的计划是需要我最年长的女儿参与进来，并且可以借助她来帮我做事情。他们也可以参加她的生日派对，我不会再错过的。

我是第一次尝试去逃避，实话说，这么说：第一，我想我不可能做到被要求做的事情，因为在这个房间里，我不相信任何一个人。第二，即使我相信他们，但是我不想他们把注意力投入在我个人的事情中去。回复是迅速的。在第二天早上，我接到一通电话。这个会议被安排在星期四下午和星期五全天。

当然，这意味着我周六前都不能够飞回中国。在星期六离开美国就意味着星期天下午才能抵达中国。我失去了周末并错过了我们女儿的生日。这样的安排并不方便和友善的。但是，其他人都已经在美国了。

我把狠狠地跺了跺很尖的高跟鞋并说不。对于有关工作方面的任何请求，我之前从来没有说过不。从来没有。我不去谈判，我不想去。但这时期，我需要呆在家跟我的女儿在一起。只是这不够好。我压抑着压抑着，直到最后，我放弃了并解释说有一个医疗问题需要去处理，并且，作为她的母亲，我想呆在中国和她一起，去支持她和帮助她。我提供了一张医生开的单据，我的经理抱怨着他会向其他人解释我缺席的原因。他说的是真的吗？

尽管明显违反了家庭医疗休假法，但我仍然把医生的单据送给人力资源部。我的经理立即回复说我提供的单据不符合程序。我友善地回复说我提供的单据是在我弄清楚这样的情况后才决定的，大家不会原谅我，如果我没有找到一些借口来提供给其余的领导团队。就是说我根本没有魅力，我知道的。

有人建议我去花将近32小时的时间在飞机上，或者在机场里等待着飞机起飞，只是为了参加一个12小时的团队建设的会议，直觉告诉我，那12小时在我们的地点和行程之间的差别对我毫无帮助的。在我看来，是傲慢自大的。

我从来没有怀疑这个团队建设的会议的“真正”领导团队之间会产生一些讨论，是关于我和我缺少的合作或者我的贫乏的观点又或者是我缺乏的魅力。如今，我不会来了。我也了解到这些人当中没有人知道我们组织机构的任何事情，我们实际做的工作或者如何完成它。

坦白说，我已经厌倦了培训他们。我只是疲倦。更重要的是，我的女儿需要我。并且，这次，为了她，我将要去那里，即使我不得不请两个星期的缺席假去这样做。（我愿意！）

最有影响力的……亲爱的妈妈

2012年10月

中国，北京

这天在报摊上偶然见到了十月八日这一期的《财富》关于年度排名前50最具影响力的商界女性的杂志。你看过吗？你听说过关于争论封面照片的事情吗——就是关于照片登载的人要匀称一点还是苗条一点，正如今天出现的一位——孕妇那样？嗯……

几天后，我收到一封来自我的好朋友的电子邮件，她在一间世界排名50强的公司上班。

她的妈妈已经转发了邮件给她：

“早上好。

我刚读完了编辑的金融顾问月刊里的一篇社论，认为你也许会对以下方面会有兴趣：

来自昆士兰商学院的特伦斯·菲茨西蒙斯博士采访

了31位女性首席执行官和30位男性首席执行官。他的结论是，对于女性来说，要做首席执行官，她们最需要的，即使不是全部，也有以下的要求：

1. 在童年记忆里，这件富有有戏剧性/回想起来令人苦不堪言的事情打断了我的家庭生活。

2. 在一个小本生意的家庭长大，管理账本，处理员工，发展自己我的应变力。

3. 早早生孩子（当妈妈的年龄介乎18～23岁间）或者干脆在30岁中后期。

4. 不中断的职业道路（如果时断时续，这种灵活性貌似有利却容易导致失败，因为会被认为是对职业的严肃性不够重视）。

5. 孩子给爷爷奶奶抚养。

6. 她们得到了丈夫的支持。

7. 在工作中很快就能够找到导师。

形成了鲜明的对比，他发现男性符合以下两个特性：

1. 他们的父亲是专业人员。

2. 他们的妈妈做全职家庭主妇。

并且，经常率领他们学校的足球队——从而开发得分、战术，领导能力和团队合作能力。

我认为你也许对他的研究发现感兴趣。

爱你的妈妈

【资料来源：“首席执行官任命：难道澳大利亚的首席男性和女性执行官不同在于，他们如何攀上顶尖位置？来自昆士兰大学的特伦斯·威廉姆·菲茨西蒙斯2011年写博士学位论文。】

最近我都在问自己多少才算够？事实上我大声地问自己：“我什么时候才能算对这份工作全身心投入？什么时候我才能够参与到我孩子们的生活中去呢？”

我没有强烈的欲望去做首席行政长官，但看来我有很多那些“必要的特性。”那些特性困扰着我，并且让我怀疑当真的受够了的时候那是真的足够了，我也怀疑我是否做得足够的好。

引人深思的事，正如我朋友的妈妈的精神食粮。

在北京的 45 分钟

2012 年 10 月

中国，北京

以下文字是以第三人称来写的，因为，在目前的情况下，我经常发现自己坐在黑暗的角落审视着我的生活。有一些时候，我把那些想法充分记录在纸上就像从外界来审视自己和自己的生活。

那天早上她在 6:15 离开酒店。这已经过了漫长的一个星期了。对于一个西方人来说，生活在北京要比生活在上海困难得多，并且在她在北京必定要度过比她在上海的时候更加困难的时期。这样的日子很漫长并且夜晚似乎更漫长，特别在没有丈夫陪伴的情况下。数个月以来，她就以这样的节奏生活着并且开始对她慢慢地造成伤害。

像往日一样，在晚上 9:15 的时候她决定关掉电脑。

其他所有人早就已经下班离开办公室了。她关掉灯并且前往电梯。她知道出去打出租车会是困难的，这一整周都是艰难的。但她与大楼的门卫建立了一点友谊，这个门卫可怜她孤身一人会帮她。她学到一个微笑可以走很长的路，当需要时，她会渡过难关并且成功克服。结束漫长的一天回到家，似乎值得拥有额外的“魅力”指数。

在周一那天，她挥了挥手示意四次或五次后，才能够叫上一辆出租车，并且同意一次行程支付100元人民币，其实本来最多只应该支付20元人民币。但今晚她冲出门——如果在9:15离开，能够称之为冲出。在那天晚上，她的家人已经坐飞机过来，并且在她已经安排给他们的酒店里进行入住登记。她想去见他们。

随着她离开大楼，她对着门卫微笑着，他护送她到门外大楼旁的出租车的聚居地。不过令人惊讶的是，没有出租车想短程载她去酒店。甚至说，由于她毫无逻辑的中文表达，她知道他们不会载她一程，都以“这不顺路”为理由。在北京，这是一个很常见的借口，用来避开那些不想要的乘客，特别是对西方人。

不过，她只是想去酒店，然后跟她的丈夫一起倒在床上。因此她举起 200 元人民币，微笑着并等着。门卫笑了，用中文喊了一句她听不懂的话，不过也许他解释说这位女士愿意花大价钱坐 12 分钟的车程到天安门广场旁边的公园广场酒店，那里有她的孩子们在床上跳着，她的丈夫在查看俱乐部酒吧是否开门。

几分钟后，她坐到了一辆黑色轿车的后座上，前往酒店。她把头倚靠着，并闭上眼睛。这真的是漫长的一个星期，而且清楚地知道怎样令她放松。还有 12 分钟就可以见到他了。他温暖的，强有力的手臂，他们柔软的轻轻的吻和拥抱。她想念着他们，“路程真糟糕。”她自己默默地想着。她需要休息一下。或者也许她只是开始休息。她把想法抽离她的脑海并取而代之的是一位男人每次让她感觉到温暖的时候，就转进角落里的幻象。

她被强烈震动从幻想中拉回来，她甚至才意识到车子已经停下了。门突然摇摇摆摆地打开了，一只手臂伸了进来并从她的手臂上撕开她的手提包，然后撕开她的钱包，最后把她摔出了车外。到处都是人用中文喊叫着。“见鬼了?!”她想。这位出租车司机同样也被他们从车上拽下来。她思绪万千。这是酒店吗?发生什么事了?

随着他们打开她的钱包并且抢夺了她的护照，她失去了知觉。这些人是中国的便衣警察，有一些事情她弄错了，一个很大的错误。他们拘留了她的随身物品，她的电脑，她的护照和她。出租车司机还在车的另一头被审问。没有人说一句英语。

他们中的三个人还在对她用中文大喊大叫着。她向酒店的看门人疯狂地叫着并挥手，但没有用。她知道需要一名翻译。她会被拘捕吗?这是酒店。如果她只要进入到里面去，她就会感觉到比较舒服。在户外和这些警官在一起，她觉得很脆弱，如今她意识到当中包括着穿制服的人。人群聚作一团。

绝望地尝试获得看门人的注意力，但还是失败了，她对着大堂门口她能看见的最近的一位客人在喊叫，并请求他们找到经理。“我是酒店的客人。”她平静却又不安。

他只是在13楼高，正舒舒服服地坐在套房里。这间套房是她在那天更早的时候已经安排给孩子们的。她有一间房间——小得多——不过这是一间好看的房间让他们去共享。当他们在旅行的时候在北京她仍然有业务要去完成。她只是想亲近他们。

似乎过了好几个小时但肯定只有几分钟，酒店的经理现身了。比起要帮助我，他看起来似乎更关心在他楼前的这种混乱的场面。当中国警方在你的大楼前行动，你可能不大会想展示这种场面给你的客人们看。

但是，她是一位客人并且她想要一些该死的帮助。他没有微笑。他感受到来自四面八方目光的注视。当他把注意力转移到她身上时，他突然发现他认识她，她不仅仅只是客人。她几乎每个月都会在那儿呆一个星期，这次她也预订了一间套房给她的家人。他对场面进行了控制并且事情开始平静下来了。

又过去了30分钟，她才明白发生了什么事。她乘坐的这辆车不是合法的出租车。她被拘留了但她是外国人，这让司机的罪行更严重，准确来说，付出的代价更昂贵。

这位酒店经理为她翻译了警方的文件，她签了名并重新取回她的护照。她最后前往她的房间（在第五层）并扔下她的手提包。然后她匆匆奔向十三楼，那里有她的丈夫和孩子们在等着她。

“妈妈，是什么让你花了那么长时间啊……”

这就是在北京的45 分钟……不幸的是，这是我的45分钟。

明天又是崭新的一天……

如果它是被禁止的

2012 年 10 月

中国，北京

当酒店门外的“联合国”的骚动过后，我和杰克到酒吧喝点东西。随着我们接近我们中国的政治中心，我也正像回到大学时期喝酒的体验过程，更糟糕的是杰克大学时期的喝酒体验的过程。坦白说，我觉得这和中国没关系。这些无疑地都来源于北美洲，不过在我另外的博客会完整地提到。

事实上，在这周的中期，杰克和孩子们都参与到我的北京之旅来，因为我已经有太多的旅行和工作，以致于我只能在周日晚上看到他们，随后的一周，我又只能到周五晚上才能见到他们。在这一周期间，我几乎从没跟家里人一起做过晚餐。当我刚想做晚餐时，只是仅仅做了几分钟然后又得开始忙碌电话会议。这就是常见的却对我们所有人都很重要的海外工作经历。这就不得不要杰克这个大块头出场了，以他的无限智慧，豪气地说："管他呢!"然后在几天前让孩子们早早地退出学校并坐上飞机来北京。好男人!

我精心安排着我这一天，因此我特地在很早或很晚的时候去工作和打几通电话，但是发现仍然很难找到时间跟杰克和孩子们相处。我在接近筋疲力尽的状态下尝试做一位"超级女侠"，但我是不会错过与孩子们的这次的体验，甚至要我拼了命——或者让我变成一个酗酒地女人——就像一首乡村歌曲唱到。面对事实吧，我的生活有时就是像那些乡村歌曲那样。我的狗狗甚至不会再在门边迎接我。

经过了几小时的工作，当杰克和那可怕的三人组在俱乐部吃完早餐后，我们最终带上我们可爱的能快速转换路线的旅行向导前往天安门广场，晴天。(啊，对了，快速转换路线的向导，我目前从来没有过。)因为国内的中秋节假期接近，广场全副盛装。在这个"重要的节日"中，整个北京上下都盛装打扮。真是壮观。

不像我多次访问的北京那样，今天我们拥有蔚蓝的天空。蔚蓝的天空在北京是如此的罕见以致于能够看到晴朗的天气的概率屈指可数。用中国政府的话来说“大雾的天气”的问题十分严峻（那就是你和我周围的雾霾）。有这个机会去看到五彩缤纷的紫禁城真的令人十分兴奋。我上一次的旅程只是以60分钟的速度快速游动于980个复合式房间中，全力以赴地找到回酒店并且前往机场的出租车，那时在十二月——呵，真冷！

我们的向导解释说，那里有不同的桥通向紫禁城的入口，意味着你的等级决定着你需要走那一座桥。正中央的桥是保留给皇帝的（很像今天的高层人员）。就算皇帝的妻子，也不得不使用外桥。（我对此事不予置评）

每一座远离中央的的桥都表示着你的身份地位在下降。我们走着中央桥，当我说着：“我真不敢相信我们会在这里并在走着以前皇帝走过的路……这里就是紫禁城啦。”很快，就像挨了一记猛烈的耳光：“妈妈，如果它是被禁止的，那么为什么那么容易进去呢?”简呆板地抨击道。

简说话带有挖苦成分并且自作聪明的这种态度都是遗传了他的爸爸。他们都是缄默、安静的人，因此你从来看不见那种即将到来的言语式的耳光。他们要是真的走在一起，真的是令人疯狂失控的。她笑得开了怀，这些天都是罕见的。我有没有说过她即将是一位神秘莫测的 15 岁女子呢？

允许我暂时离开话题一会儿。“冷宫”的房间建筑是我在紫禁城最喜欢的地方之一。没有剩余的物品留给下一位皇帝，也没有城外的人想去侵犯“被宠幸过的妻妾”。皇帝是做什么的？当然是建造一个退休生活的中心地方了。当我头脑出现一副是全部的“退休”妻妾在紫禁城四周游走的画面，我忍不住笑了。我很确定的是，杰克会尝试着爬上城墙。

在我们朝拜完北京最著名的经典之一——天坛后，简建议我们要求退款。“这是一个错误的建议。这不是寺庙，这是一个坛。”严格按照规定来说，她是对的。那里没有实质建筑物；相反，有一座非常高的“坛”。我没有要求导游退款。

我们在北京玩得很开心。我们走过古街，我们爬到“鼓楼”的顶层，这“鼓楼”是为中国的古人报时用的，参观颐和园并且听了慈禧太后的故事。“妈妈，我并不知道你生活在这里。”她反应真快。

在北京待了两天，我们出发前往离城市65公里以外的被村庄包围着，建立于明朝的万里长城。孩子们把他们的套房换成了“营房”。简下车，并四周看着这些简陋的房子，评论着，“我告诉过你们，我不喜欢大自然。”

是的，未来几天应该会很有趣的，因此很庆幸我没有错过这次体验之旅！

把我们的头撞到了墙上

2012 年 10 月

中国，北京以外

以下文字是以第三人称来写的，因为，在目前的情况下，我经常发现自己坐在黑暗的角落审视着我的生活。有一些时候，我把那些想法充分体现在纸上就像从外界来审视自己和自己的生活。

在毯子外的感觉是冰冷的、寒冷的、又冷又暗。除了冷，还是黑暗和寒冷。所有人都蜷缩着挤在一张床上，他们看起来很平和，叫醒他们似乎很残忍。尽管她想到这一点几乎很愉快，但是她还是不会去叫醒他们。她只是想给自己多几分钟的时间，在黑暗和寒冷中坚持着——这正成为她的毯子。她感觉从她骨子里的那种奇怪的安慰感。

这间卧室被我们的主人威廉·林德赛称为“营房”。

他是一位长城的历史学家和考古学家。他描述着这座营房的设施就像“简单的”，并且，无论从何种意义上来说，它们都这样。每一个房间都配有一张桌子，你可以把你的行李放在上面，有一张平台式的床（我觉得是用混凝土覆盖着一层薄薄的“垫子”），还有一张毛毯和一个枕头。没有洗手池、没有厕所、没有淋浴设施。

那里有一个公用的洗手池，一次只能提供最多五个人使用。厕所不是完全在屋外，但也是在外面。而且如果你想洗澡，那里会提供一个盆子，你可以把盆子装满水，并有一块抹布留在你的床上。好极了。

这张单人的平台式的床可以承受3～5人，因此她和她的丈夫还有三个孩子偎依在一起，直到他们感觉到暖和几乎睡着。太神奇了，她想着。食物是安全的，是营房周围当地农村居民帮助准备的。这是完美的，诚恳的和简朴的，她生活中经历的所有都比不上那一刻。

这样的营房是有意被设计成简单的。这只不过为真正的景点才装设的切入点——长城。多数北京的游客看见的不是恢复和重新铺设的城墙，而是城墙被遗弃后仍然存在了多个世纪。城墙是天然和原生态的，游客们必须准备献出一点点体力才能征服仅仅的一小部分。这种奉献要在凌晨4:00开始，用了叫醒电话并花20分钟做准备。

她在她的房间外走动，然后深呼吸，用寒冷的空气和黑暗的夜晚来填满她的肺部和灵魂。她可以感觉到自己的变化，但是还没有找准位置。

感觉像是重回到营地。30多年前的那一次露营。距上次她认真地徒步旅行真的已经过了很长时间吗？时间都溜到哪里去了呢？

按理说，在凌晨4:00，她本应该筋疲力尽。但她有说不清的精力充沛。她迫不及待地想要开始。

随着他们开始行走，威廉解释说在那天早上早些时候，那天清早，如果周围六个小村庄每一户居民都在家的话，那么居民人数达到600人。再加上五位外人，总人数达到605人。在一个拥有多于13亿人口的国家里，这是相当偏僻的。她再看了一遍早晨漆黑的天空，白色斑点般地散布着明亮的星星，并且她可以想象得出很久以前的航海家都是独自通过星星去找到他们回家的路。

“我可以找到回家的路吗?”她疑惑地问道，并不针对某人。“家是什么?”随着他们走过村庄，她想着——不在于是哪里，而在于是什么。

中秋佳节的月亮圆满而明亮，他们不需要电筒（又名手电筒）因为他们用他们自己的方式通过小村庄。这是安静的，他们带着一种敬畏之情去行走着。当他们走近山坡和树林，他们打开手电筒，踏过岩石、树根和湿叶。她在几年前就放弃了关于“更强大的力量”这种信念，不过这些美好的时刻总是让她怀疑。黎明的宁静美，山岭的雄伟都令她心有感触。她是黎明时的女孩，她喜欢看日出，因为日出时，任何事情都是有可能的。然而她怀疑她是否还相信着这句话……

这种徒步行走是严酷的。陡峭、崎岖的岩石挑战着每一步。狭窄的通道通向茂密的矮灌木丛，并且随着你向前移动，在树林中绕来绕去。她怀疑是否对孩子们要求太多了，特别是才 10 岁的贝拉。不过，她从来没有考虑过放弃徒步旅行，从来没有。

她知道他们可以做到，并且她感觉她不得不这样做。这不再是关于中国的万里长城的徒步旅行，而是关于理清她的头脑，将一切抛诸于脑后并且把专注力集中于一项任务，这项任务与她的事业无关，而是与她是谁或者也许她仍然会是谁有关系。

日出看起来像是在她的头脑中驱除黑暗。整个世界都在消失——世界末日，期望值和逝去的诺言——并且她可以感觉到自己再一次呼吸。

等了超过一个多小时才到达城墙的眺望点。她的丈夫先走，并帮助每一个孩子向前行走以到达城墙上。随着她爬了上去并且牵起他的手，她充满了期盼。他对她微笑着并说，“这是值得的。”他真正想表达的意思是“你是值得我拥有。”他讨厌登高，然而在这里他已经在黑暗的陡峭山坡和崎岖的斜坡上爬了几千米了，因为她告诉过他，她觉得这样会有“帮助”。

时间静止了，随着粉红色和橙色色调的天空映衬着在他们底下慢慢苏醒的村庄。炊烟慢慢从暖炉里升起。空气是如此的清新和明亮，北京的高楼大厦在远处那让人惊叹不已的地貌景观中显得清晰可见。

随着她俯瞰远景，她察觉到景色慢慢地远离了。在她脑海中的阴霾和在她心灵中的黑暗正散去。她抱着女儿们，并且甚至她的儿子允许她在山上的时候可以来一次公开拥抱。然后她找到他，他等着她正如他一直都这样做。他微笑着并搂住她。“这个帮助如何?”他嘲弄着问道。

好几年，她都是用自己的头撞墙，至少看起来是如此。现在，为了记住为什么她做了这一切，也许她只需要徒步走在城墙上，而不是用自己的头来撞上去。

她知道这不会长久，这不可能长久。但是，这是个很棒的提醒，提醒她仍然存在于某个地方的深处。她就是一个提醒者，事实上，“值得。”

也许在中国这个“中土王国”里，人到了中年才明确地知道她需要的是什么。

又年长了一岁 & 身负债务

2012 年 10 月

上海

一天早晨我起床然后去上班，再然后当我回家的时候，我的宝贝已经 15 岁了。听起来很熟悉吧?

对于我来说，那天早上发生的事情就像今天早上发生的一样。我的“阳光天使”已经 15 岁了。1 后面跟着 5。她是高中的一位新生，由于国际学校开办的一贯作风，导致在中国这边，新生很容易被忽略掉。简和小学生一起在相同的校园里却在不同的教学楼里学习。

她和她的弟弟妹妹搭相同的巴士上学。她穿的那一件校服看起来有点像哈利波特的款式——是的，有一条领带。但那里没有“校友返校节”。她上了英国的国际学校，并且我不觉得板球自我呈现出漂浮的状态，返校女皇或者舞曲。不过，我也有可能是错的。

对于一个15岁的女孩子来说，购物可不是一件简单的事情。然而在这里可能会有趣一点点，因为你可以带她去轻纺市场，订购一件大衣，连衣裙或者一条漂亮的牛仔裤。也许你也可以带她去地下商场，让她买一副“香奈儿”的太阳眼镜和一个“爱马仕”的包包。或者，我们可能会去珠宝市场，买一副手镯来配她的项链。不过，我们什么都没有去。

事实上，今天我们没有礼物送给她。反而，我们让她逃学，并且，我们将会和她一起度过这一天。幸运的是，她也想跟我们一起度过（或者，至少，我们觉得她是这么认为的）。我们不知道我们在一起会做什么。也许会在世纪公园散散步，还有跟爸爸拍拍照。也许我们会在她喜爱的咖啡厅坐坐（她不喝咖啡，只是来过下瘾）。也许我们会去看“电影女郎”然后一整天看电影。或者，我们只不过是穿着我们的睡衣，一整天宅在家里。我真的不知道。这些都不重要，重要的是无论做什么事，我们都会在一起。

像天下所有父母一样，我想要给我的孩子们整个世界和更多的东西。但对于我来说，“更多”实际上是更少。我想要他们去看看这个世界但我也希望他们去享受它，而不是去征服它。这存在一个巨大的区别。

今天简是我年龄的三分之一。她过了我曾度过的三分之一的人生，但在某些方面她过得更多、更好并且比我的生活丰富多了。在她 14 岁那年，简已经到过泰国、越南、马来西亚、俄罗斯、德国、法国、奥地利、英国，当然了，还有中国。几个月后，她会去夏威夷。紧接着这个夏天她会在意大利花几星期的时间去玩。并且，如果我们能够如愿，我们还将会去柬埔寨和菲律宾旅游。这对于 15 岁的女孩子来说，实在不错。

去年，简在两个精彩的舞台作品里出演了主要角色，学会了用熟练的中文去打电话订购一份披萨饼，并且和全世界的人交朋友。她也学会了适应环境的重要性。她只是一位十几岁的少女，对她来说，这从来都不容易，不过当你的妈妈把你从你感到安全舒适的状态中拉出来，让你远离你的朋友们和家人，迫使你搬来中国，那么，这是稍微有点困难的。然而当你 15 岁了，这也是一件好事情，好事情不像坏事情那样。事情本来就是这样子。

过去的一年对于她来说是艰难的，正如对于大多数外国青少年来说。（坦白说，对于所有人都是艰难的。）看到她那么努力，我是揪心的，更揪心的是仍然要找到方法去帮助她。在这个年龄段，你不能献上一个吻就可以让一切不愉快的事情都不曾发生。有些事情是无法“修复”的，但他们能够“共享。”比起我做的，简更早懂得这个道理。

搬来中国是一项巨大的工程。你只是不能够夸大它。是的，文化的不同、语言的障碍、食物的挑战，所有这些都是真实的，但把你推向边缘的还有这点小事情——像冰块这类东西。在我们的冰箱里没有制冰的设备，没有冰盘甚至在我们的冰箱里没有放冰盘的空间。如果你想要冰块，你只能叫人送货。否则，你只能继续过没有冰块的日子了。然而，如果你最喜爱的事情是喝一杯冰水——那么，你只能空想了。

荒唐？也许在这世界上荒唐的就是无论何时，你都想着冰块能够从门上掉落下来，但在这个世界上，并不是你都能够去适应一种奇怪神秘的世界文化，一个不同的和独一无二的学校文化，还有一门无论从口头到书面文字都令你无法解释的语言。另外，在伤口上撒把盐的是，当你需要帮助，你甚至不能够打电话给你最好的朋友因为当你醒着的时候，她正在睡觉。这就意味着，当这种愚蠢的事情变得惊天动地的时候，是很难发现这种想法的，至少在她 15 岁的这个年龄阶段来说。

因此，也许看来我们应该准备一个包装盒，里面装有十分漂亮的礼物送给她。但是，我们没有。时间，我们在给她时间。并且，不仅仅是今天。为了给她（和她的弟弟妹妹们）“更多”，我将会做得更少。因为，事实证明，更少意味着就更多。并且分享经历比修复它更重要。

问题的角度。

我仍然怀疑对于我们五个成员的小家族来说，搬来中国是否是正确的选择。但我并没有后悔做这个决定，只是更像一个债务。我不知道多年后这种冒险是否值得，或者我是否可以还清债务。随着简又大一岁，我感觉到有更深的债务——对于她，对于他们所有人甚至对于我自己。时间既是一位残酷的主人，时间也是在所有礼物中最纯洁和最慷慨的礼物之一。

激情

2012 年 10 月

上海

在我请假之前，人力资源部的专业人员问我想要做的是什么，是什么令我早早地起床然后赶过来办公室的呢？因为如今，有一种焦虑的情绪蔓延起来，甚至无法把食物放到指定的位置上，让我可以起床后方便顺手拈来。不过，当被问道：我喜欢做什么？我长大后想要从事什么工作？我热爱什么？嗯，这些答案（悲哀的）就是“我不知道”。

事实证明，不止我一个人是这样的（我问过四周围的人）。有趣的是，比起男人们，我发现更多女人给我的答案都是“我不知道”，并且大部分的女人对她们所做的事情没有成就感。我没有跟这里的清洁工阿姨谈过话。我只是跟像我一样，身居要职的，并且结了婚，有了孩子的，承担起养家糊口的女同事谈过。她们起床然后去上班因为在过去的 10、15 或 20 年里，她们已经一直在做同样的事情。我猜想一些男人也许暗地里也持有同样的感受。

尽管如此，我们还是找了一个离家更近的地方，那里充满着大量的激情，一些人确切地知道他们喜欢做什么。杰克喜欢酒。他写了长篇大论的博客，参加了品酒会，还举办过品酒会。甚至在上海，围绕着他的都是品酒行家。

如果这还不够，那么，他已经开始从事摄影这一门爱好了。对于我们这些门外汉是一种附带的好处，虽然有时我们发现这样令人恼火，当他站在沙滩上相同的位置，似乎却永远只拍一只蜗牛从壳里慢慢出来的那一瞬间——是的，可以想象能有多快！当然了，我们喜欢抱怨着但我们甚至更喜欢这些成果。他报读了一个摄影培训班，并设法去买了一部专业级的摄像机——成本如此之高。

如今，他甚至还报读了一个汉语课程的强化班。说真的，你真的认为我的丈夫是个多才多艺的人吗？嗯，别让那些啤酒、足球和整个衣柜里的衬衫都欺骗了你。他就是这样的。

简一直都对戏剧有着热情。在她八岁生日的那年，我们第一次带她去看三场百老汇的表演。接下来几年间，增加到三天看五场表演！她几乎每一年都会回来，因为我们在上海一起度过了她上一个生日，然而就在这个夏天回家的途中，我们在伦敦偶然碰上。她创作、帮助指导、演出和甚至唱歌。最近她正在忙着筹备着在《火爆浪子》故事里，扮演尖酸刻薄的校长这一角色。多么适合啊。

亨利是一位典型的男孩子，喜欢所有的运动并且参加很多比赛。他对戏剧也充满热情并且是一位相当不错的作家。他在去年的时候参加了一个话剧，并且在今年春季，会在小学组的话剧演出哦——敬请关注！另外，贝拉喜欢游泳。我的小小奥运会选手正在发展中。

我？我上班。我喜欢喝酒、摄影和戏剧。我喜欢运动，特别是足球和棒球。我喜欢的这些事情，我喜欢的这些爱好，都是我家人所喜欢的吗？亨利和杰克在凌晨4点就起来，观看老虎队的赛事，而我至少睡到5点才起来，但没过多久我又继续睡。

我喜欢跟杰克一起品酒，但当我出差在外，有人递给一张酒水清单的时候，我还是要打电话给杰克。之前有一次，在巴西圣保罗我从桌底下偷偷打电话给他。为什么？我不确定我喜欢哪一种酒，但杰克知道。我就是喜欢他给我出主意！

我确实喜欢下厨煮东西，至少我做过。我记不起最后一次下厨是什么时候了，说实在的，在中国我们用的烤炉并不安全。在这边，如果你要下厨的话，比起你的激情与热情，失望的情绪会更多。在我开始出差而周游世界之前，我已经很喜欢旅行了，然而现在却让我生厌。我喜欢阅读，但在晚上，我常常因为太疲劳了而不能阅读任何书籍，甚至是一本杂志。我为自己找了很多理由和激情，但意味着现实中自己是不具有任何理由或者激情。

我一直都在考虑着这个问题——在早上的时候，什么让你想要起床并赶过来工作呢？这真是一个好问题。这就是我需要做的事情——一些让我从床上起来的事情。如今，如果我能够明白那是什么……

快车道……慢车道

2012 年 10 月

上海

当你突然意识自己已经人到中年，你回首并惊讶着你已经无路可选，你浪费了机会，你就会浑浑噩噩地度过一生。我想某些人也许会回首并找到出路，那么就值得花费机会和时间。我追忆着并想知道，疑惑着并发现有点遗憾。这不是说我对生活不满意。事实上，我是非常的幸运。

我和一位爱我的男人结婚，尽管多年来，我的许多尝试让生活变得艰难。他是我的炼金石，已经超过了 25 年了。通过科学的奇迹，我们拥有了三个孩子。他们是科学的奇迹和决定，但他们也是令人惊叹，聪明和令人困惑的小天使，使我不能理解的其他一些世俗观念。我喜欢这一成功的职业（对于一个女人来说），尽管这是要付出代价的。并且，这就是中年危机问题上升的所在。因此当我们已经生活在中国，我一直都在处理着中年危机……

通常在早晨（但不是每个早晨）我都会去健身房健身，然后去跑步、游泳和举重。在许多年以前，我能够做一些三项全能运动，并且我发现我重新爱上了游泳池。现在呢，没有像以前那样经常去跑步了——半程马拉松足够让我对跑步运动生厌。我可以忍受，但我不喜欢。反而我喜欢游泳池。我喜欢在我周围包围着水，默默地游泳，把自己的专注力集中起来，以免溺水，而且这种节奏性和流畅性的自然本质一直都吸引着我。我一直以来都认为自己能够通熟水性，要让我选择游泳或者滑冰？每次我都会选择游泳。

通常，当外面还是一片漆黑的时候，我就进入了泳池。这个泳池有五层高并且四周包围着都是窗户。随着我游泳黑暗慢慢消失了。既是文字上黑暗也有比喻上的黑暗。在那 50 分钟我的头脑是清晰的。专注于游泳的姿势，不能分心。专心点。

然而在这个特别的早晨，我并没有东奔西跑。我没有抢着进入其中一条跑道上，事实上我是慢慢吞吞的。正因为如此，我注意到一些事情。难道这是新的或者好几个星期了前就已经在那里呢？我不清楚。但它拦住了我。

有趣的是事情会突然出现，并完全与你，与你在生命中的那一刻，与你正尝试着做的决定而产生共鸣，即使你在那时未必真正了解它。在两个水道上面的标志总结道：快车道或慢车道。

我知道这条快车道。我曾经住在那里许多年了。早晨起来锻炼身体，紧接着就是 12 小时或者 14 小时的一天，怀着不要错过就寝时间的希望冲回家，在半夜（为最后一个小孩子）盖好被子后，然后拿起电话开始电话会议，最后再倒下床的时候，合理的睡眠时间早已过去很久了。

我不太熟悉这条慢车道，不熟悉它的构架和用途。然而，这种设计上的用途，肯定有其存在的理由。慢车道是否可以提供那样的服务或者慢车道可以为“失败者”或者“轻易放弃的人”又或者“不够优秀”的人编写代码呢？我从来没有挑选“弹性工作制”的选择权因为我担心这样被视为缺少职业奉献精神。反而，我已经购买了额外的带薪假期——高价——一个分离的方法高超的多的手段就是尝试着“拥有一切”。

事实是，我很失望。这条快车道已经存在并依然让人郁闷的，你开的速度越快他们就期望你更快，直到你不能（或也许不会）再走为止。直到今天我才发现自己在哪里。我没有办法进行下去了，或者更确切地说，我不想。

我想知道，什么时候，我会对庞大的驾驭的事情给予足够的重视？什么时候我承担的义务会变得清晰可见呢？什么时候我所有繁重的工作和熬夜工作会得到回报呢？什么时候我会死于书桌上呢？

不。他们只是叫阿姨去把这具尸体搬走，并找另外一个人代替我。

如果这条快车道是如此令人沮丧的，那么我为什么我会卷入其中？是野心作怪吗？有野心不好吗？为了金钱？金钱邪恶吗？为了得到认可？认可不好吗？为什么我还要期望着一个不同的结果。这些年我一直像这样在四处奔波打拼，却一事无成。恩，尽管我到中国来还是一事无成，但你懂我的意思的。从我椅子上看上去，天花板仍然是玻璃做的，而且这玻璃是防弹的。

而且，只有两个选择吗？快和慢？通向“公司的高级官员”的路还是通向“失败者”的路？在两者中间没有其他选择了吗？那么重要的贡献者，受尊敬的专家和同事又如何呢？这样的道路真的只分叉两个方向吗？

尽管我不知道问题的答案，但是我怀疑如果你被放入两个箱子中的一个里，那么一旦被放进去，你就会被箱子封住。

在那独有的早上，我选择了慢车道……但自从那天早上以来，我游泳的时候，一条道都没有选择。你也知道，在水池里，仅仅只有两条拧成绳状的泳道但你可以游到没有标注的那一圈以外的道去。我不喜欢选择或者我不能做决定。我真的不知道。但是，每一天早上当接近泳池时，我微笑着并花一些时间去考虑着我会游到的区域。

接下来会怎么样呢

2012 年 10 月

上海

在中国，十月的第一周是国庆节假日。在这一周的假期间，多数外国移民都会离开这里去旅游。我们留在家中。

国庆前一周，我出差去北京，而且杰克和孩子们在那边跟我会面。在北京的时候我们欣赏着风景，然后徒步到长城上。

在中国，十月真的是一年中最美好的时光。天气暖和，阳光充足，并且有微风吹拂。风可以帮助空气流动，比一年中的其他时候出现更多的蓝天。因此，为什么不好好享受一下呢？

我们做到了。

我们坐在屋顶上的天台，并欣赏着来自世纪公园的烟花表演。一天晚上，我们到外滩散步，在邦德夫妇餐厅吃晚餐然后继续观看在河上方的烟花表演。我们在浦西的迪特汉堡店里玩着游戏棒，并看着大街上川流不息的人们。我们去到一位朋友的家中吃晚饭，并再一次观看了来自世纪公园的烟花表演。在深夜的时候，我们看了几场电影，然后睡一个懒觉，遛狗就什么都没做。

就在假日前，我开始请了两星期的假。在中国这样的节奏令人极度疲劳，并且让我喘不过气来，我的家人已经快要崩溃。我很快又要重返办公室。

我想知道，接下来会发生什么事情？

我最终得到了一张亲属身份认证卡。我知道，现在差不多是第 2 年的 11 月份了。尽管还在假期中，我还是会来学校拿取这张卡。不过我也能够用得上它。

我去到贝拉的游泳训练馆，在话剧彩排里接回了简，在贝拉的请求下，带着蛋糕去学校祝贺老师的生日。还观看一场足球练习，甚至还碰见了一位老师。

但是，又到了“ah ha”的时刻，那就是当我收到其中一位孩子的短信息的时候，令我心碎。如果我不是暂停工作脱身休息，我从来都不会收到这样的短信：（1）我们的孩子不想在我工作的时候“打扰我”，（2）如果我们的孩子发短信给我，那大概就是我太晚才看到而没用。（3）如果我已经看了短信，我不确定我一定会离开办公室。更有可能的是，我会打电话给杰克。这次，我去到学校礼堂外，坐在用混凝土做成且冰冷的楼梯上三个小时，正是如此我们的孩子们知道我在那里，——不需要再说什么了——我只需要的是“空间。”真正和完整的空间。

在2009年，巴妮丝·布兰达出现在财富杂志的前50强最具影响力的职业女性的名单上。在2010年5月，她患了中风入院，辞职并任命李莎拉任命接手她的工作做一个执行总裁。不久后，她的女儿，最近毕业于圣母大学并有一份好工作，决定离职并且帮她的妈妈从中风的病魔中康复。我读了这篇来自今年财富杂志的前50强最具影响力的职业女性的报道。打动我的是在1997年那一年，巴妮丝·布兰达辞去了在北美洲百事可乐的执行总裁的职位，去花更多的时间跟她孩子们一起因为他们需要她。如今，她需要他们并且他们为她做了同样的事情。

当我读到这篇报道的时候，我正坐在来自北京的飞机上，并且我想知道我的孩子们是否也会为我那样做。我怀疑我能否给他们任何理由让他们这样对待我。就在我请了两个星期的假那一刻，我没有感到愧疚，并真正地考虑什么对于我来说是重要的。我仍然对于什么让我在每一个早晨想要起床去上班的这个问题没有答案。我认为我也许是精疲力竭。或者，至少拖延着。

我担心当我回到办公室后，还不能够停止这些想法。我未能打破这种局限，难道我也要抱怨其他人不能够做到吗？我们教人们如何对待我们自己。我很少会说“不。”当被邀请到去接手一个任务，去处理一个会议，去准备相关的报告，去活动中演讲或者为了一个 12 小时的会议而飞行环游世界，我都已经做到了。直到几周前，当第一次我拒绝登上飞机——我说了“不”。我们教人们如何对待我们自己。我想被别人不同地对待，并且我想更好地对待我的家人。

我做这件事都是在心理专家的帮助下完成的。我并没有不好意思说出来——我的生活是复杂的并且偶尔会难以应付的。你真的以为对于一个在世界财富排名前10强企业工作的女性高管那么容易吗？你以为作为团队中的一员在亚太地区和非洲地区尝试建立一个企业容易吗？你以为为了你的事业，把一个家庭搬来中国没有伴随着一些并发症发生吗？你相信在夜里我没有梦魔萦绕在心头吗？不。因为你有自己的并发症，你自己的挑战，你自己的秘密和梦魔。我们都有。

当我说不，这种反应是迅速的和震耳欲聋的。重申着我已经知道的事情。我只是一个小人物，“不”不是我的全部。夸大其词地说她会完成的。有人之前在我发表的“360评估”里写到我有令人惊叹的工作能力。这个人的意思就是我是一位工作狂，一头骡子。我是一个傻瓜。在某种程度上，我感觉被利用了但我还是让它发生。我会负责的因为我允许它发生。我们教人们如何对待我们自己。

我尝试着用这样的假日来作为改变期望的一种方式。如何？我还没想出来。我的第一个目标是用一周三次的时间去跟我的丈夫和孩子们吃晚餐（不包括周六和周日）。你相信我会令这样的事情变成现实吗？真可怜。

因此，接下来会怎么样？时间会证明一切……

外籍人士的漫步团队

2012 年 10 月

上海

我在“假期”结束的最后一个早晨，才返回办公室，我会面了“随迁配偶”（随配偶迁移的职业女性——在中国是一个稀有品种）并跟她一起喝咖啡。真的是令我大开眼界啊！

我和杰克陪着我们的孩子们去到巴士站，亲了一下女孩子们，并且我假装我一生中之前从来没有见过亨利。我意思是，让你妈妈陪你走去巴士站并且尝试亲你一下是多么的令人不爽，特别当你现在已经是一个 11 岁的小大人了。

“来吧，美女，你在想什么?”在他的棒球帽下给我一种眼神。“认真点!”

这部巴士不是你们那部特有的黄色校巴。这部是旅行团的巴士。毛绒座椅，安全带，装有窗帘的漂亮窗户防止万一太强烈的太阳光。我知道那里也为全部孩子配一台电视。这辆巴士不是我搭去学校的那部。而是一部阿姨在车上当场检查过他们，确认他们都安全和证实计划今天下午返回的巴士——他们是搭3:30的巴士回家还是搭4:15的课外活动巴士呢？非常有组织性。

我们在那儿站了几分钟，然而我开始觉得不安起来。为什么我们一直站在这里呢？他们都在巴士上了。他们筹划了这次看起来很偏远的活动。我们现在可以去喝咖啡了吗？此时此刻，我简直就是在晃动我的脚。杰克对我傻笑着。他知道在我头脑里我正在列举着以下的名单：

任务1：孩子们在巴士上。已检查。

任务2：步行去贝克斯面包店。推迟。

任务3：点咖啡。待命状态，由于任务#2的推迟。

任务4：跟朋友们聊天。由于任务#3的推迟。

任务5：查收电子邮件。由于任务4的推迟。

……

杰克完全没有进入这种模式。他不着急。没有理由去匆促。“我通常就等到巴士离开，但我看得出来对于你来说是很困难的，因此我们现在可以走了，”他几乎戏谑着对我说。不管怎么样，我心中想着。

几分钟后我意识到我站在角落边，并且杰克没有站在我的旁边。不，他是我身前最棒的遮挡物。我们将要错过烛光晚餐了。马上动身。是什么让他花那么长时间呢？我简直就要疯了，但我还是保持冷静。不！

“快点！”我足够大声地说着。他仍然沉重缓慢地走着。并没有事情刺痛他啊。他只是以他的速度向前移动，碰巧碰上我这样的冰川爆发的速度。终于，在接近半个世纪后，我们到达了贝克斯面包店（花费了 6 分钟）。我弄到了一张桌子，有足够的座位给一组人（5）坐，再让杰克去下好我们的订单。我甚至叫他去下其他人的订单因此我们就不用等了。他摇摇头。我看得出来，他不会下其他人的订单的。

过了一千年后（也许 8 分钟），其他人到了。首先是奈杰尔，紧接着 2 分钟后苏和斯科特也来了。我要问他们是什么让他们花如此漫长的时间呢。苏问奈杰尔如何击败他们。奈杰尔回答说“我用尽力气走路。”在我要说下一句话前，杰克就说他很想看到并且奈杰尔说这并不困难，“只是比平常来自海外的外国人漫步要快一点点。”

“外国人漫步？”我问道。每个人都笑了。

在孩子们上了车后，就没有任何理由去东奔西跑的了。因此，外籍人士们漫步着度过了他们的一天。或者，外籍的随迁配偶们利用他们的时间去咖啡店，甚至用了很长的时间喝咖啡，坐下来谈论一点事情，你可以想象得到，他们有“很多”事情要做，但他们并不是匆匆忙忙地去做。最后，他们会处理好。

对于这些来自海外的外国人来说，有一些迫切的事情：

●跟员工谈话（告诉他们的阿姨那天阿姨们需要做的事情，从要洗的衣服到晚餐）

●为打高尔夫球打造专享的时段

●为下一次的品酒会活动准备时间表

●努力通过一门塑身课程，至少，要考虑到通过这

种课程的可能性

●去做一次按摩——脚底按摩，全身按摩，暖石按摩

●去上中文课，做中文的作业，去找更多的咖啡厅或者啤酒店去训练中文或者（我个人喜欢的）到餐馆来一次实地考察，去用中文练习点菜

●去上摄影班，做一些摄影作业，计划外出去做更多的摄影作业

●带上孩子们去踢足球，打棒球，踢英式足球，玩板球或者去游泳，那里附近似乎一直都有一间酒吧

●考虑着做以上任何一件事情

●小睡一会吧，由于考虑以上任何一件事情而引起的精疲力竭

对于这些可怜的伙伴们来说，这可能是一种负荷，包括苏在内——这位深受他人尊重的朋友。每一天奈杰尔甚至把他的闹钟设置到下午2:45。他担忧着他也许会因为小睡而错过了学校的接送时间。这就是压力。

这就可以解释为什么杰克不能计划我们的假期，不

能到柬埔寨，越南或者其他任何地方做研任的调查。他早已非常地忙碌于为他那帮同伴们做一些工作。

说实话，没有他，或者没有奈杰尔，没有苏，没有其他的“随迁配偶”让这个家运作起来的话，所有的这一切都是不可能进行的。对于他们来说，在上海这里生活会更简单因为他们有别人的帮助：他们的阿姨，他们的司机和非常棒的送货服务。我嫉妒他们。因为他们远比我更能享受海外的经历。

杰克和他的“组员”仍旧以他们的方式漫步于上海和中国的其他城市中，但很快他们就会自负起来。就我理解而言，在太太群里和随迁配偶的世界里有等级之分。如果一旦你要离开外籍人士漫步的团队而加入到外籍人士炫耀的团队里，那么你至少要在中国生活将近一年的时间。

昂首阔步的人是要比慢慢走的人要优越的，至少他们是这样告诉我的。我不知道随迁配偶们的生活是如此地分等级体系的，还具有政治化的，并且充满压力的。只是听说到关于这样的事情，我就想打盹儿了。

竞争的欲望

2012 年 11 月

上海

我想一直睡觉睡到我再也不困为止，这不符合我的作风。我认为这是属于基德洛克的。但是，这种多愁善感是属于我的。累。我真累。

问题是，我真的不能入睡。这几个月来，我一直都不能入睡。我甚至吃药片来帮助我的睡眠，头几个月还能起效果，但随着时间的流逝，我又重新回到不能入睡的状态中。因此，闹钟还没响起，我就已经起床了。

有一种奇怪的感觉，就是一方面实在是很累，另一方面又迫切地想去做一些事情——这是同时发生的。我认为这也许跟为什么总感觉得自己快要发疯有关系。为了消除这种相互竞争的需求，我投入到水里去——泳池，我游泳。游泳可以使我感觉到疲倦，身体上的疲倦，我的胳膊，我的腿，我的身心——我的全部。这样也能够让我集中思想，迫使我脑海关闭掉所有不必要去乱想的东西。在这湛蓝的、凉凉的流动液体中冲洗掉所有。这里只有我和水。透彻、安静、平和。

但是，你是知道的，这不能够持续。毕竟这只是在这篇博客中审视我自己的生活而已。我的平和与宁静的世界被一个吹着哨子的男人所打断。

一个女人（我）在“快道”游泳着。他（杰克）带着一个哨子和一只秒表在旁边踱步。一个真实的哨子。他真的吹响了哨子，发出了很大的声响。事实上，声音真的非常大。甚至还没到 6 点。那湛蓝的，凉凉的流动液体随着哨子声震动着。随着我从淋浴室走出来泳池，哨声又开始奚落我了。

它就这样存在着——就在我面前。这是我第一次的测试。

我走进淋浴间，让温暖的水冲洗着自己。我戴上泳帽，向“慢道”走去，适当地戴上防护眼镜。然后跳进泳池里。然后我身上溅满了水花，并开始了。我有一个习惯。事实上，我有很多种习惯。这还是其中的一个习惯，正如我会把自己沉入水中，我大声地告诉自己，“还是专心游泳吧。”

在一个非常轻松的节奏下去热身，并且我游了很多圈。这就是一个令世界开始消失的地方。慢慢地，我可以随心所欲并把身体拉回来让自己向前移动。稳健地踢着水花，缓慢而行。我甚至数数1－2－3－4－5－6……重复着。

当我感觉到水流——事实上我已经感觉到了，水的质感和重力。我准备增加这项任务。我也许会占用一张踢板并踢很多圈，为了锻炼我的双腿以更快的速度去游泳，直到它们感觉有点像凝胶物黏在一起动不了。下一步，我游向拉力浮标并且用尽整个手臂的力气。我也许会或者也许不会增加划桨或织手套的锻炼来让我的肩膀和手臂变得更加结实。每一天早上紧接着前个一晚上，日子在前进着，梦魔会被消除掉的。

我把游泳的姿势分解成一些小部分。然后我专注于这一些小部分，用指尖隔着水来跳舞正如我在空中举起手臂，整个姿势保持着肘部高抬。我数着每一圈所用的姿势，找到节奏感，并且清醒了头脑，因此除了姿势、水，抓住和拉伸之外并没有什么。一致性，步速，节奏。

这还不算，我用了接近40分钟的时间去分解并且重建这个姿势，事实上，我准备去游泳了。我的肌肉很疲劳，姿势要求更多的专注力和训练度。连同倒退的姿势一起用上，我开始在水上滑翔起来。起初是简单的平稳的并且平和的。

不过就在今天早上，那位在我旁边的女人游进来“快道”里。无疑地她比我年轻15岁。她的练习是跟随着一个相似的模式。她的“教练”迫使她再努力一点，保持游动，尽可能地推动自己，并且他吹着哨子让她继续向前游。我尝试着把这样的情景从我脑海中推出去，并且专注于我的事情。

“还是专心游泳吧。”我在脑海里一遍又一遍地说着，但在我在翻转完身体后，我看到了她。她就在我的前面。她正在增加她的速度。

哨子又吹响了。

我能赶上她。还是专心游泳吧。我能够赶上她。还是专心游泳吧。

我每结束一圈的练习后都会增加速度，直到我不能游得更远。我游泳达到了筋疲力尽的程度——甚至累得在游道中间就想罢工。我停下来。我放慢游速，变换着姿势，并冷静下来。我停下来了。

在拐弯处的时候，我听到哨子声。我游到左边的那条道并感到一阵激动。我也许可以游到 200 米，我开始激动得有些颤抖了。我加快速度。我正在赶上。在下一个弯儿的时候，我比预料中用更多的力气把自己从墙上推出去——这是我的优势，她的优势是年龄，她有位严格的教练，这对她来说，也是个有利的条件。

我赶上她了并碰到了墙上，当我们都来到了下一轮，她的教练吹响了哨子。我继续游着直到我筋疲力尽。平静下来后，我离开了泳池。当我淋浴的时候，她仍然还在水里。

上周带着调整自己和把更多专注力放在家庭上的目标，我返回到工作中。似乎我还没完全想明白如何去忽视任何形式下的竞争吸引力。速度，均衡，甚至可以这么说，我还没想明白。

当我还在快道里游动着的时候，在慢道里游泳是一种挑战去保持着我的游速……嗯，是快速的。

你已经准备好……踢足球了吗

2012年11月

上海

美式足球，英式足球或者足球……如果你准备好在中国踢球，你最好做好准备因为你不能去打一场非正式比赛。不，你必须要做好准备。

亨利在上海橄榄球俱乐部踢美式足球，在这里他们也玩futbol（足球）——又称之为英式足球。澳洲式足球，footy（足球）或者澳式橄榄球。你可以随便怎么称呼它——这都涉及一个球和你的双脚。他们把球场分享给棒球队，板球队和英式橄榄球队，因此你必须要提前计划好。

杰克组织联盟队建立了一支专门的队伍，运行实践，组建队伍，教授技巧，安排场地，定制队服，并且安排一位出差去美国的外籍队员买可替换的护牙托，护肩，棒球手套，棒球击球员戴的头盔。在今年夏季全部东西要买到然后拖回上海，伴随着还有楔子，棒球球棒，曲棍球球棒，冰球，甚至女童子军徽章。

在周日，当我们观看完高校橄榄球比赛后，为了观看一场正宗的美国式的橄榄球比赛，我们全部人挤进了巴士并前往上海橄榄球俱乐部。这个体育场是一流的，场外有一间酒吧连同所有特许经营的日常小吃——热狗、汉堡、酥炸鸡柳甚至雪糕。我们有两场比赛——高级龙队和初级龙队。感觉有点像高校球类比赛的现场氛围，并且可以随处可见到所有高校的T恤衫。

在几个星期前我们有一场客场比赛，在当地的其中一所美国国际学校里进行，我们场外的小吃就是——烧烤等等一切。在那个星期我们的龙队输了但是亨利看起来并不在乎——他还是喜欢打比赛。上周他的队伍赛成平局了，一样地快乐。

我喜欢橄榄球，我喜欢棒球，我真的喜欢看着我们的儿子打比赛。对于这些孩子们来说，花些心思去组织这样的一场比赛，是非常有意义的事情。爸爸们既是教练，也是导师和裁判。他们移动着链条，把脱臼的肩膀矫正一下，然后把他们卡住的受伤的手指从卡口里拉出来。从12点到4点，美国周日下午的时间——正好是上海的这个时间段。

这是在联盟历史上的第一次，一场比赛安排在灯光底下进行着。但在周五晚上，11月2日，我将会在泰国，而周五晚上在上海将有一场灯光橄榄球比赛。我讨厌错过它但那也是我作为一位在中国的外国人所要经历的一部分。你时而会错过一些东西。

我将会错过这场比赛，但下周日我会赶上去看它的……

太多信息量……在此基础上乘以 50

2012 年 11 月

泰国，曼谷

生活在中国，我不知道哪一首歌曲是在美国音乐排行榜的首位，或者哪一本书是每个人所谈论的。我甚至不知道谁打造出本季度的“舞动奇迹”的演员班底。我本可能知道最后一件事，但是坦白说，我真的没有关注。在这个点上我再也不能简单地认出电视上或者电影的人，除非是马特达蒙或是乔治克鲁尼。

尽管如此，我也不是完全都不了解。因此，去年春天，当在观看我们儿子的棒球比赛时，我不断地听到那些女人谈论关于一位名字叫格雷的人，我很好奇。你应该明确地知道会发生什么了吧，不是吗？当然，这就是我，因此你可以认为我们并不容易成功。

克里斯蒂安 · 格雷。用这两个星期，我知道了他是一位生活在上海的外国人。我做到了。谢天谢地，我没有问周围的人关于他的事情——你能够想象得到吗？“打扰一下，你知道这位克里斯蒂安·格雷的家伙吗？我渴望见到他。”是的，面对我的孩子们，我似乎已经没有了那种完完全全的尴尬感，可以说，这无疑起到了作用。

这花费了一个月的时间——是的，我有一份职业，因此要花费一个月的时间——去弄清楚克里斯蒂安·格雷是一本名为《格雷的五十道阴影》的书里面的人物。在棒球赛中，妈妈们不断地谈论着这本书。因为拐角处那里没有一间博德斯的书店（管他呢，我也不确定有否有一间博德斯书店在拐角处），我让杰克下载到金读电子书阅读器上。是的，我叫我的丈夫去下载《格雷的五十道阴影》到我们女儿的金读电子书阅读器上。

我并不知道这本书是关于什么的，但我正在登上去泰国的飞机，并且我想阅读一些跟工作无关的文章。“你当然需要。”跟我度过了20年光阴的丈夫以这样腼腆的方式回复我。我看着他不太明白这种言辞。

“我努力去赶上他因为我的智慧已经完全地和庄严地散落在地上，到处都是，并且落在了西斯曼酒店的电梯墙上。”——E. L 詹姆斯，来自《格雷的五十道阴影》。

关于 elevator three 我不明白，当我问杰克去下载这本书时候，我真的不知道。几个小时后，他递给我金读电子书阅读器并告诉我，这本书在“ZZZZ”中——它被隐藏起来了。“为什么要被隐藏起来?”我问道。他微笑着。这证实了他喜欢开太多的玩笑了。“你不想你的女儿去阅读这本书，也不想她知道你正在阅读它。”他如此尖锐地讽刺着，已经接近傲慢自大了。我不知道是什么事如此有趣。

“管它呢，”我说。

从中国荒凉的某个地方去往曼谷的途中，我明白了。我感觉兴奋的。谁会坐在我的旁边?他知道我阅读的是什么吗，或者，更糟糕的是，他知道我正在想的事情?

我到处察看着商务舱，期待着系好安全带的指示灯闪烁着说明：“是的，她正在阅读着来自《格雷的五十道阴影》”幸运的是，当我在金读电子书阅读器上阅读着这本书，没人可以看到护封的封面。

我现在明白了。我叫我丈夫下载色情的读物并隐藏在我们女儿的金读电子书阅读器上。说真的。我立刻手足无措并同时迫切需要谷歌的一个链接。我需要不同类型的字典。

“在快乐与痛苦之间有一条界限。在相同的硬币上有两面，如果没有了一面，另一面就不存在。”——E·L 詹姆斯，《格雷的五十道阴影》。

我真的不需要格雷先生去跟我解释快乐与痛苦之间的界限。不过，我需要打电话给我丈夫，并问他“拳交”是否是我想的那样……他在不停地笑着。看，我三次出了洋相——我只是想说那些头部是，呃，拳头那样的大小——至少是我丈夫的拳头大小。

因此，我在泰国。在泰国不是去哪里，而是在芭提雅。“步行街”，在这个地方你可以找到并拥有任何东西和几乎你想要的任何人。

机会很少主动去偶遇你，此时此刻，在我的生命中，失去了什么呢？我拿走了我女儿的金读电子书阅读器，谷歌的搜索引擎，并已经在路上了。毕竟，如果我需要指示，我可以确切地在这里找到。并且，如果我只想要一些玩具，我也可以找到它们。主要是，我很好奇。

我不准备告诉你，我购物单上的详尽的信息，无论我是否购买那张清单上的所有物品，或者是否利用这有趣的方式去消磨时间。但我会告诉你，300 美元可以有很大的作用，如果你已经有两杯鸡尾酒，你真的会沉浸在这种快乐购物当中。为什么那成为了如此天大的事情呢？事实上，这里给了我很大的快乐并且是一种难以置信地不论高低贵贱的经历。

回到中国，在聊完五十道阴影和喝完几杯酒后，我跟一些女性朋友们无拘无束地聊起来，她们都来自欧洲和大洋洲的一些国家。

毕竟，当我到达中国后，我轻了 30 磅，剪了头发，买了稳重的裹身裙，并且决定一直穿着 40 寸的高跟鞋去办公室。你觉得我做的这一切是为自己而做的吗？或者，是为了办公室里的某个人而做的吗？不，我做这些都是为了一个在深夜里等着我回家的男人……他喜欢我的鞋子。

带着那300美元我也许不会在泰国消费，自我改变是我曾对自己做过最美好的事情之一。我不是那种养家糊口的人，妈妈，律师，主管，旅游经纪，商业轮子里齿轮。我仍然是一个女人。一个想要渴望和被渴望感觉的女人。

这与反对女权主义无关。没有事情是简单的。我是和下一代物种一样复杂。我不想被认为是理所当然的，我也不想认为我的伴侣是理所当然的。我不仅仅是为了自己而重新改造。在我们两个之间有特殊待遇。

《格雷的五十道阴影》没有令我变得崭新的或者不同的。说实话，我从来没有读完这本书。我还没有走出痛苦。嗨，即使你的事情进展得顺利，但我讨厌把女人们以一种服从和轻蔑的方式被描述出来。放弃控制不代表懦弱，但是低着头下跪等待着你的主人的到来，这样的女人更让人难以忍受。这几章还给予了一件需要分散注意力的事情，并且这股动力让我们去考虑着我之前已经考虑过的不同的事情。

在我重造自我之前我已经听说过基督教徒格雷。我尽自己的义务并且按照自己的意愿去做这件事。事实证明——就像大多数女人一样，我已经知道不管在寝室内还是外我想要的是什么。

“噢……有许多的一面和一些另一面。”——E·L詹姆斯，《格雷的五十道阴影》

匿名的看法

2012 年 11 月

澳大利亚，墨尔本

完成大多数事情取决于你的看法。举个例子吧，用一个特别有利的位置来拍一张照片，似乎投资方会屈服于商业投资。这暗示着商业已经改善了最纯净的意图，思想和灵魂。

当你在大型企业集团工作的时候，你经常都会感觉到自己无非是一个小人物，或者你也许感觉自己是摇滚歌星。这都是取决于你的看法。

为了帮助解决这个看法的问题，如今多数大型的公司使用一种工具，称之为是“360 度反馈程序。”这个程序就是，你报告的那些人，那些向你报告的人和跟你一起工作的其他人都会提供匿名的反馈在你的工作绩效上。这就意味具有建设性。但是，这件事，跟大多数事情一样，取决于你的看法。

在盐矿区，我从来没有真正喜欢过这个程序，因为它跟业绩评价的关系太密切了。程序的部分要求是你要推荐你自己的评估者。人们趋向于推荐的是他们期望有强大并积极的意见去支持他们业绩评价的人。并且，坦白说，匿名选择权在我看来就是狗屁东西，这是胆小的行为。人们往往喜欢躲在匿名的面具后。

我一直都觉得我跟一个爱欺负人的家伙共事。当我遇到这个家伙的那一刻起，我有一种不好的预感。无可否认地，我发现跟他共事很困难。确实如此。我们甚至一起谈论过这个问题，当然，我们都同意去“重新开始”。因此，在360度反馈程序的驱动下，我提名他为我的评估者之一。

考虑到过去的业绩，我并不奢望一个高度赞许的评价。但我希望有一点点职业精神的人员会对我已经伸出的橄榄枝有所回应。不。他就是这样爱欺负人，他竟把这些写出来。

“你缺少情绪恢复力和职业的成熟度两方面。你创造的工作环境是以士气不足、恐惧、焦虑和不确定性为特点。你的团队是没有权利去做决定。我从来就不晓得跟你合作会有些什么期盼。有时候你是理性的，而其他时间你是感性的、消极的和无理的。你做任何事情之前首先要把你自己置身于其他人之上，包括盐矿区。你消极地谈论着别人并且你没有意识到这些消极的评论会很快地传播到他们中。在高级主管这个职位上，你总是表现出最好的一面，但对其他所有人缺乏沟通和关心。”

“你甚至不能够接受极少数的改进建议。你抨击着别人给你提供的反馈信息，而且看起来你并没有具备自我反思的能力。你只关注到别人的行为，而没有承担起这些问题。”

我的爸爸会告诉我这个家伙嫉妒我，害怕我，觉得我威胁了他。爸爸会说我是聪明的，美丽的，并且会说我比大多数的人更有能力，别人使用浑身解数才解决的问题，我只用小小的指尖就能够解决掉。他当然会这么说，因为他是我的爸爸！他的观点被我曲解了。

当你还在阅读着一些同样恶毒的文字时，你开始怀疑这是否真的值得。你怀疑是否要屈服于势力和商业的诱惑——像天使投资人——是值得你去付出价钱的。你怀疑是否这玻璃碎片撕扯着你的灵魂正如你尝试着打碎天花板是真的值得用痛苦去换取吗？另一面是什么呢？这个家伙？说真的，你让这样的家伙进入社团吗？这是一种宝贵的领导能力吗？

然后……

你回到家，发现你的大女儿跟她的同学们从中国的南部度了一周的假回来了。简旅行的目的是为了跟孩子们组团，给他们展示出中国的一个美丽的地区并挑战他们体力，伴随他们的有徒步旅行，漂流和骑自行车。有点像那种“野外拓展训练”。

事实证明，简喜欢所有的活动，但令她最有收获的经历是，发生在一个偏远的山村，那里的孩子们邀请他们去玩甚至共享晚餐。在不能够真正地用言语去表达沟通的情况下，简还是能够交到朋友。

当她讲起了女孩子如何玩这个其中一人拍着手，唱着“my mother had a whatever”的游戏时，她简单地亮起了灯。简不知道这些话如何用中文说出来，但她知道这个游戏，并跟孩子们一起玩了起来。她当时是风靡一时的人物——正如她就是那样——毕竟，她是有魔力的人。

这改变了你的看法。爱欺负人的人——引用了泰勒·斯威夫特的话——是永远不会意味着什么。我呢，我已经成为了简（亨利和贝拉）的母亲。按照我的360度剩余的报告来说，我也是一位非常好的共事伙伴，并且我擅长做我要做的事情。更重要的是，据今天这位停留在我办公室的女人所说，对于她和其他很多当地的中国妇女而言，我是鼓舞她们的人。那样挺不错的。

因此，尽管有一种观点使它看起来像是天使已经卖光了；然而有一种不同的观点使它看起来像是商业就是飞翼天使，也许在她的指引下。对于我来说，这意味着是一个终结……并且听简谈起在村里的孩子们也是值得的。无论如何，为了今天。

非常非常地……欢乐欢乐

2012 年 11 月

上海

在上海，每一间“西式”餐厅都为你提供这样的一个机会，让你感受一个传统的美式感恩节，甚至让你感受一餐高价格的传统圣诞盛宴。我肯定的是，这样的体验是不错的，但我在感恩节那天不得不工作，而且孩子们还要上学（英国的国际学校）。出于某种原因，不是所有的英国人对我们美国的感恩节感到兴奋。

在火鸡节随后的那个周六，我们会庆祝感恩节。我们会和来自路易斯维尔的朋友们围聚在桌子上。这餐的食物来自于我们的澳大利亚屠夫——是的，这就是为我们准备好火鸡并且把它送到我们的家门口的一位澳大利亚人。我和我们的朋友“路易斯维尔强击手苏”一起做辅助的菜式，但这跟在美国的感恩节完全不一样。

随着我的妈妈读了这篇文章，我就知道此时她必定摇着头——她的孙子孙女们正在度过一个不完整的感恩节。但，嗨，这些都是我能够做的最好的事情了。在感恩节这周我将会在台湾，在周五晚上才返回上海。

周六早上，我挤出时间去做最后一次的牙根治疗，这周我不得不去做这件事。我本应该及时地去准备配菜因为要在苏动身去参加在外露营女童子军的活动之前，我们必须吃一餐。并且在周日，我将再一次高飞搏击长空，在印度呆一周，然后直飞澳大利亚。我在 11 月 10 日回来。

我真的不想在某间餐厅或者某间酒店去度过感恩节。此时仅有的一个画面在我脑海中自然的浮现出来，那就是来自经典的圣诞电影：圣诞故事。是的，就是那一部。你还记得电影最后的那个场景吗——就在他们砍下了鸭子的头后，侍应生出现了并唱着圣诞歌……“fa ra ra。”

我知道这是对文化传统方面不敏感的表现，但这样的情景在我脑海中不断地四处滚动。我控制不了。

因此，当你坐下来去抱怨圣诞节的装饰品都是万圣节做剩下的，我妒忌你。要不是为了 Spotify（一个音乐服务平台），我们就会连圣诞音乐都听不到。我没有去包装装饰品，圣诞的音乐，都没有。（从来没有对外宣称我是年度最佳母亲……）我真的怀念那些圣诞的经典著作，像《奶奶被一只驯鹿撞到了》和《驴子杜米尼克》……这似乎有点疯狂，我知道。当你需要他的时候，安迪威廉姆斯在哪儿？

为了减轻我们的痛苦，在第 11 个月的第 10 天，上海时间下午的 3:30，我们做了令人想象不到的事情。我们买了属于自己的圣诞树。我不太严格地使用这种说法……这棵“圣诞树”是在宜家买来的。亨利比这棵树还高。我们只是买了足够多的闪烁亮灯并且这些闪灯播着一些奇怪的中国歌曲。在树顶部的星星向左边倾斜着，看起来似乎要把整棵圣诞树给推翻。这并不完全是查理布朗的圣诞树。这更像一棵查理布朗的树，有着太多的蛋酒或者观看太多来自微软全国有线广播电视上的雷切尔·玛多的节目。是的，我的这棵树向左倾斜着……就像我一样。我就喜欢！我就喜欢！我就喜欢！

我就喜欢因为我们的孩子们围绕着这棵树跳舞，这棵树就像某种庞大的蓝云杉。

回到美国，我最爱的家庭传统日子就是在感恩节随后的周六。在周五的时候，我们订购了两棵树送到我们的家里。他们给这间屋子带来了常绿树，松树和圣诞节日的味道。晚上，他们从我们前保姆的圣诞树农场归来，通常很晚。杰西卡，如今已经有她自己的两个农场了，当我们把圣诞树拉入话题中，她就会跟孩子们聊天。

周六下午那天，我整理着灯饰，继续装点“主”树。这是一个家谱。我做好了晚餐和曲奇饼，并且我们喝了一杯巧克力热饮后，开始着手准备打扮圣诞树的程序工作。这花了数个小时。

当他们还在我的子宫里的时候，孩子们的祖父祖母已经为他们购买了独一无二并且私人定制的圣诞装饰品。像我们一样，孩子们也收藏着它们或者他们流传出去。每一件装饰品都标有年份和他们名字中的大写字母。我们把那些装饰品一个接一个地打开来。

孩子们开心地尖叫起来，当一些他们最喜欢的东西出现在眼前的时候——蝙蝠侠，来自纽约的出租车，音乐盒。每一件装饰品都是一个故事，正如当主人公一边把装饰品挂在树上，一遍重新把故事复述一遍那样，一些回忆维俏维妙地出现在脑海中。我们甚至有一些装饰品，是我和杰克专门为孩子而做的（因为我们的妈妈们是，仍然是，年度最佳母亲!）

对于我来说，这数个小时是纯粹的欢乐。没有比这个更让我喜欢的是——圣诞节。感恩节随后的周六是我最喜欢的节日之一，在一年中这很有可能是我个人最喜欢的节日。在这个世界上，我最疼爱的人相互之间分享着他们的生活经历。

这是天赐的福气——并且，这并不会持续太久。简已经 15 岁了。我们已经两年没有这样做了……记住，我未能把装饰品包装好。但我离题了。

尽管这些装饰品还没包装好，我们所有人都在期待着“第一”件。正如亨利所说的“装饰品开启了所有的一切”。把戒指盒装扮成圣诞饰品，多年前在芝加哥我一直保存着我的订婚戒指。我们的底下工作室的公寓；

我们觉得它是人间的天堂。在传统节日诞生的前一天，杰克把它挂在树上。

因此，请您原谅我们得益于在 11 月 10 日就买了圣诞树回来，甚至在你订购火鸡节的馅饼之前，我们播放着手头上所有的圣诞音乐，并且开始我们秘密进行的圣诞购物。不得不这么做。

事实上我们怀念着 24 小时不间断的圣诞音乐，我们怀念着所有老式的圣诞特别节目像《没有圣诞老人的那一年 》和《第 34 街上的奇迹》，我们想念着那些圣诞的灯饰，还有肉豆蔻和红白相间的薄荷棒棒糖的味道。当然，在一年中的这个时刻，最重要的是，我们想念着我们的家人和朋友。

在 37 天后，就是在第 12 个月的第 17 天，我们将会旅游到 5000 多英里外。这需要我们花费总计多于 15 小时的三个飞行段的时间，几乎胜过到达夏威夷总统的故乡，但每分钟都是值得的。

今年我们打算跟家人一起过圣诞。谢谢约翰叔叔，梅根，莎拉和祖父祖母——你们都是我们的礼物。因为生活在上海的经历，教会了我们要相互感激，并且对你们，我们会比以往更感激的。

当我们忙于感激您的时候，您能否为我们把一些陈旧的克罗斯比・宾的音乐连同一本叫《极地快车》的书，一起装进你的行李箱里呢？谢谢。

争取女性的投票权

2012 年 11 月

上海

我们，指的是所有人，而不仅仅是白人男性公民；也不仅仅是男性公民；不过，是全部组成了我们的联邦……男人的权利不能再多，女人的权利不能再少。

——苏珊·布朗内尔·安东尼

既然最终选举在美国和中国都已经结束了，我一直都在思考着用所有的辞藻去表达如何塑造人才和观点。如今，如何说和如何做会塑造未来，我们如何看待世界，其他国家甚至个体。

我如何向我的女儿们和儿子去解释“合法强奸”这个短语呢？怎么让一个人不去提及我们国家的国会议员呢，把那两个词语拼在一起——合法和强奸？

在我们的社会中如何去评价别人呢？这个问题有很

多答案，但按照这个金钱社会，我们趋向于赋予的价值是以他们的酬劳为基础的。一个人的收入，在世界的很多个地方，决定他们在社会的地位，他们受教育的机会，获得医疗保障权利，获得法律代表的权利——事实上，都能够决定他们的公民权利甚至是人权的保障水平。

并且，在这一类别中，妇女们应该怎样做呢？你或许会惊讶地听到我们不如男人们做得好。在很多国家公司的最高领导阶层是稳固不变的，甚至在我的祖国里。为什么那是重要的呢？因为这意味着我们不平等。那些不平等待遇的人们在辩论中没有立足之地。那些不平等待遇的人们会更容易被解雇。那些不平等待遇的人们，坦率地说，就是价值低廉。

当女人们获得更少的报酬，仅仅因为他们是女人——言下之意就是低贱的。这就是为什么要在工作地方或者以外，最主要是在争取平等面前弥补性别的工资差距。

但是我们不能解决我们看不到的问题……极少例外，收入差距仍然是根深蒂固，至少是目前来看。

1. 在美国，2011 年性别收入差距仍然没有改变。平均来说，男人们挣每一美元，妇女们却只能挣 77 分。这些年来，这个数字几乎没有变化。

2. 在美国，男女收入差距最大的六项职业全部都是在金融行业之内：保险代理人、经理、职员、证券销售代理、个人顾问和其他财务专员。

3. 对于不同肤色的妇女，性别收入差距的歧视也是特别令人难以接受的。在 2011 年，非裔美国妇女的收入是 33501 美元，为男人收入的 69.5%——然而拉丁美洲的妇女收入是 29020 美元，仅为男人收入的 60.2%。

4. 聚焦全球来看，在过去十年间，26 个国家的性别收入差距仍然相对稳定。

5. 中国和印度特别缩小了收入差距。在中国，妇女们可以挣男人收入的 60%，然而印度的妇女跟男人挣的一样多，都是 66%。

【资料来源："第 5 章：收入差距，"来自于伊莱 H·朗，2012 年 10.10 博客】

像许多美国人一样，我对于泰国一部分地方的性交易一笑置之，像芭提雅的“步行街”。但我是天真的。我不明白这些女人的困境，或者至少我不能完全领会到她们处境的可怕之处。她们每天都夜以继日都以这样的方式承受着令人难以置信的风险。我不应该如此肤浅地评价她们。

我不知道有多少那样的妇女甚至女孩们，事实上，在东南亚的其他地区，甚至在美国，她们在强迫下或者她们发现自己处于权利被剥夺的的这种处境下。你都觉得不可思议吧？这本是不应该的。但的确发生了。就发生在你的周围。你只是看不到，所以你不会明白。

这种保护方案，基于在马里兰州，巴尔的摩的约翰霍普金斯大学，记载着性奴隶贸易的上升趋势。

●每年，都有多于 15,000 位妇女被贩卖到美国，她们中很多人都是来自墨西哥的年轻姑娘。

●亚洲的妇女被卖到北美洲的妓院，每个人可以卖到 16,000 美元。

●接近 200,000 位来自尼泊尔的女孩们，她们中很多人都是 14 岁以下，在印度作为性奴隶的身份工作着。

●粗略估计10,000位来自苏联的妇女被迫使送去以色列卖淫。

●大约60,000位泰国的儿童已经被卖作卖淫的奴隶。

●在斯里兰卡，多达10,000位年龄从6岁到14岁之间的孩子们在妓院里被奴役。

●大约20,000位来自缅甸的妇女和儿童被贩卖到泰国卖淫。

我之前在泰国和印度度过了一段时间，我也去过马来西亚、越南和柬埔寨。我看到女孩子们夜以继日地在街上闲逛着，并发现自己很难直视她们。要用眼睛去直视着她们，我很难做到，因为我不想对她们下判决，另外这样的话，我也感觉到不舒服。我怀疑是否女孩子上街的时候跟一个足够可以当她爸爸的老男人臂挽臂，会比较安全点。于是，我听到从美国回来的一些高调言论。

这令我恐惧地思考着我的女儿们生长在这样的一个世界，这个世界的女人们在许多人眼里仍然是“廉价的”。特别是，在“大多数”人的眼里。得知妇女和儿童被贩卖到我生活的那一片土地，我顿时被触动了。如果年轻的姑娘们坐在飞机的后部，看起来似乎没有监护人陪同，也许就会面临危险。令我想起来在越南和柬埔寨的那些未破的案件，涉及一群二十多岁的女人们，警方竟然忽略带过，这是简单地说“她们只是喝多了”。似乎传达某种“合法”的实施犯罪……杀人犯。

不久前，一段视频在中国的视频网站上传播着，播出的是关于妊娠期七个月的妈妈被迫堕胎的视频。为什么呢？因为这位妈妈已经有一个孩子了。政府强迫堕胎是因为她触犯了只能生一个孩子的法律。随后，基于严重的政治压力，政府道歉了。但他们已经无法把夫妇俩的孩子带回来了。然而，没人会想到要给这位爸爸做绝育手术。我真的不太相信中国以这种方式来限制公民的生育权利。

在我自己的国家里，人们尝试着利用着他们的宗教或者个人的信仰作为我的权利。这没有什么，在我看来，这比尝试着限制我的公民权和人权要好。有趣的是，这样的争论通常都是围绕着我的生育能力展开，这都是与我的性别密切相关的。

我个人是既支持堕胎也反对堕胎。就此而言，我相信我应该有权利去做决定，关于我自己的身体和我的人生，不受政客、独裁者、利益集团、名人或者其他人的干扰。但是，我相信生命是值得去保护的。当生命伴随着决定一起发生的时候，是复杂的。我就是一个复合体。我有一些经验是，当我真的相信没有任何理由去继续，我从来不会把最大的敌人强加到自己的生活中去。我是错的。

重要的是，我们应该花一些时间然后仔细反省 24 小时的新循环。重要的是反省一下关于妇女的一些言论，这些如何影响着我们的女儿、我们的侄女、我们的母亲、妻子和姐妹们。重要的是看看我们的孩子，并记住他们是人类，也应该受到同样的人格和尊严，这是人类最高的期望。

这是重要的，因为某些人——通常是一个男人和一个女人，高举着强大人类的牌子，尝试把强奸归为合法的类别，购买妇女作为一天，一个星期，或者一辈子享用，使孩子成为奴隶。孩子们正处在任何时候都一样危险的时代。我们的孩子们奢侈地生长在一个核心家庭，把爱扩充到家里成员的身上。我们一直都尝试着提高他们的文明的和让他们懂得人情世故，并且让他们明白，他们实际上是，在这个世界上可以获得自由的极少数幸运的人。但不幸的是，最近的大选季让我怀疑，是否我们的女儿们会跟她们的兄弟一样，可以享受着自由度？为什么我们会这种循环继续延续着自己的生命呢？

房子的积分：两个威廉姆斯的故事

2012年11月

上海

我们回到中国的第二年，孩子们吵着想要换学校。我们从一间更传统的亚洲学校转到这间英国国际学校，这家学校要求学生们穿校服，佩戴领带和围巾。这几乎就像霍格华兹——他们甚至还有宿舍呢。你可以想象得到，宿舍的积分是基于你的行为表现而进行奖赏或扣除，等等。这周，因为他的探险项目，我的小家伙从而得到了5个宿舍积分奖励。

我意识到每一位母亲的儿子，他们来到这个世界上，都曾经是最棒的男孩，但在这种情况下是真的。他是亲切的、可爱的并且在各方面比我所应得的或者我曾经把自己的期望寄托在这个儿子身上，他是善良的，可爱的，并且在各方面的发展比我预期的还要更好。

在几周前，我们去了北京，并碰见一位既是考古学家也是中国长城的历史学家的人，名叫威廉·林赛。他带我们沿着“野长城”一直惊人地跋涉着。威廉在上世纪八十年代早期就来到了中国，出发去看看整个万里长城，这座长城实际上是经历过很多朝代，用许多城墙建造起来，使用各种各样的材料取决于不同的朝代和城墙的位置。在他探索的期间，威廉被逮捕过，他的胶卷被没收，并且多次驱逐出境，但他从来没有放弃，最终，他完成了他的旅程，然后把它记录到一本书上。

你也许听说过威廉·林赛或者在国家地理纪录片里看到过他，是关于中国的万里长城。他是一位有趣和有学问的男人。但对于亨利来说，他单单只是一个讲故事的能手。确实，他真的是一位非常棒的故事叙述者。

对于亨利学校的项目，孩子们被要求准备关于一个伟大的探索的展示。很多孩子选择克里斯多夫·哥伦布或者马可·波罗。亨利选择了威廉·盖尔。从来没有听说过他？大多数人都没有。

在威廉·林赛的那个大冒险期间，我们了解到他并不是第一位徒步万里长城全程的人。威廉最近才了解到威廉·盖尔，这个人在1908年从宾夕法尼亚的多伊尔斯顿启程去中国旅行，然后走了万里长城的全段路程。

亨利选择了这位已经被遗忘的美国探险家作为他的项目的主题。他把了解到的威廉·林赛的经历用在这些故事上面，这些照片都是他爸爸在行程中拍摄的，随后第二本书由威廉·林赛出版了。《万里长城 百年回望：从玉门关到老龙头。》

对于亨利来说，这本书真的是鼓舞人心的。这里面，威廉·林赛追溯回威廉·盖尔的旅程，并且把相同的位置拍下来展现出独一无二的中国。如果不是这项世界上最浩瀚的工程已经随着时间的过去而被破坏掉，亨利会发现它会更加迷人的。

他的展示由五张幻灯片组成，包括一些重点词句、图片和我们去长城旅游的视频。两个威廉给了亨利灵感，这是他一个他个人的展示，让他认为似乎他自己就是某个旅程的探险家。这样就得到了5个宿舍积分，并且还能他妈妈赞不绝口。

台湾地区，印度，澳大利亚……与家

2012 年 11 月

台湾，台北

在接下来的三个星期，我们都会在旅途中。在早上5:00 的时候我们就起床了，并在 6:30 的时候前往飞机场。在克服了一些飞行时的不适后，在大约 11 点的时候，我抵达了台湾。到亚洲旅游确实挺不错的。没有谁把紧张的行程表强制性地安排给我，只是我把它强加于自己而已。只是它需要我去完成。

我需要在台湾会见一支团队。接下来要用整整 18 个月的时间去投入到工作中，我应该去见见这支团队。这就是一项巨大的工程。亚太地区和非洲地区地域十分广阔，团队和个人都分散在不同的地区。像泰国的曼谷和罗永府、台湾台北地区、印度金奈、澳大利亚墨尔本、南非乔伯格，还没有提及到印度尼西亚，菲律宾，日本和韩国等等。在某一时刻，你想跟人们联络，通过电话会议、图像电话和电子邮件来保持联系，这都是最正确做法。

你想亲自为他们做出的贡献表示感谢，并且与他们分享成功的喜悦。你想证明你很关心他们和他们的工作，展现出一位领导的风范。有时候，露露面就足够了。我一直都惊讶于有多少领导层的人物未能出来露面。如果你从来都不出现，那就很难抛开阴影……

今天我要开始我的旅行了。贝拉昨晚哭了。不久前，在家长会上，我了解到在五年级中（对于我们美国人来说是四年级），我经常是“圆圈时间”这活动的主题人物。在圆圈时间期间，贝拉跟同学们讲述她妈妈旅行的经历，并且说出她自己的感觉是怎么样的。我知道，这是一件好事。这样做明显地对整个班的其他孩子同样分享着他们的故事有帮助，但是我似乎是一个最糟糕的违规者。不过，我还是抱着她，并告诉她如果这样有帮助的话，可以继续和同学们一起分享。

如果分享可以补救的话，那么让我跟你以主要的方式来进行分享。我从来都不在家，我很少见到孩子们。并且我感觉到，对盐矿区怀着越来越少的感激之情。我今晚用了10分钟去想念我的孩子们，因为我打最后一通电话已经超过了8:30，当我打电话的时候，他们已经都睡着了。即使是杰克也因为太疲倦的缘故而不想说话。分享这些让我发泄了情绪并减轻了压力，但我几乎没有感觉到更好。我只感觉到很麻木。

我连续几个小时在飞机和机场里，都在仔细思考着一些事情，那就是今年年底要做的事情。并且，有一种特别的优待——到时候会有一个悠长假期让我可以跟那些我爱的人在一起，感觉更好。但是在实现这些愿望之前……

这周在台湾地区，然后在印度，再然后就直接飞去澳大利亚。我会跟你们保持联系的。这必定是一场真正的冒险之旅。

来自上海风格的百万金臂

2012年11月

台湾，台北

趁着今天不错的天气，我在台湾拜见了政府官员，并尝试着去解释着我们的可持续发展策略，我们对他们做出了承诺，那就是减少我们的碳排放量，然后尽力去使我们周围的环境更加稳定。你要知道，这只是很普通的鸡尾酒座谈会。当我大约一百次想把问题转移到关于我们的特定产品的引进计划的时候，最终散会的时间到了。我想我必定做得很好，因为我留下了一些礼物……不是那种要求在竞选中获胜的礼物或者把你送进监狱的礼物，而是那种你能够带回家，并且你的孩子们会觉得很酷的礼物，就像钥匙扣，棒球帽，和一些很小的精美盒子，可以存放耳环戒指或者其他小首饰。

在政府会议结束后，我们回到单调无聊的计划中，尝试着及时赶上出售产品证书（还没开始），并且必须要弄清楚，我们是否能够满足于新规定，在没有破坏产品的换代计划的前提下，在以下国家试行：印度、中国、泰国以及中国台湾地区。

今晚6点钟，我打了电话回家，才让我对孩子们的思念之情稍稍减弱点。事实证明，所有戏剧性的事情正在那边发生着。

游泳队教练并没有被一些游泳者的努力所留下深刻的印象，反而即将要削减人数，这让我们的小儿子每天都心惊胆战。今天还是小学的校园剧面试，我们的儿子被要求朗读两个主要角色的对话，其中一个是做猴子的角色。不要问，因为我也不知道，但我感觉他是那种把任何事情都埋在心底的孩子。在这些“小精灵组”里，一位资深会员为了如何让他人失望而不能令他们的情感受伤的这件事而绞尽脑汁。用瑞贝尔戴维斯的不朽名名言来说就是：“我们正在处理着一大堆的繁琐事情。”

因此我给杰克的建议就是：

1. 去弄一只活鸡回来，并且把头去掉。

2. 把纸杯蛋糕送过去导演那儿。

3. 买一些蜡烛台。

我发现多数戏剧场景都出现在生活中，追溯到《百万金臂》（一部运动传记片）：

［拉里退出投球区土墩，结束了一场球员的会议］

拉里：不好意思，请问下究竟发生什么事情了？

瑞贝尔戴维斯：呃，努克受了惊吓，因为他的眼皮在跳，并且他的爸爸在这里。我们需要一只活的……这是一只活鸡吗？

［约瑟点点头］

瑞贝尔戴维斯：我们需要一只活鸡去把约瑟手套的诅咒去掉，并且，看起来并没有人知道在米莉和吉姆的婚礼上，我们送什么作为他们的结婚礼物。

［对着球员们］

瑞贝尔戴维斯：这差不多合适了吧？

［球员们点点头］

瑞贝尔戴维斯：我们正在处理着一大堆的繁琐事情。

拉里：好吧，那么，呃……蜡烛台一直都可以作为一个漂亮的礼物，并且嗯，也许你可以查出她之前登记的地方，也许可以送一套餐位餐具，又或者可以是一套镀银餐具这样的款式。好吧，让我们弄两套过来！去吧。

【资料：百万金臂，1988 年，写于罗恩谢尔顿】

杰克，我觉得你应该至少能够抓一只活鸡回来，应该没有太大问题吧！在我们庭院前面就有一只鸡来回晃悠着。亲爱的，祝你好运！

找不到感觉

2012 年 11 月

泰国，曼谷

这是星期三的晚上。感恩节的前一晚，曾经过得跟圣诞前夕一样的精彩。这是一个属于酒吧的夜晚——如今老人们喜欢我，被称做是“表演之夜”。一通持续到 10:30 的全球会议电话仍然在我的酒店房间里响起。

早些的时候，我阅读了我丈夫的感恩节博客，里面长篇大论是关于葡萄酒文化，真的棒极了，于是我快速打了电话回家，发现他们所有人在吃着披萨。这就是感恩节前夕要做的事情，当你有了孩子后就得准备第二天早上丰盛的一餐。我有客房服务。但感觉不是太好。因此，在火鸡节的前一晚，本应该要怀有心存感激之情，我认为我却没有。

事实上，我感觉不太好。我感觉不好是因为没有怀有感激之情。随着我听了这通会议电话，并且有人荒谬地把会议定到了晚上 8 点钟。我越来越少感恩并也开始感觉到越来越少的负罪感。在今年，我就是这样一位吝啬鬼！但是，说真的，我并没有一种感恩的心情。

不要误解我。我对很多事情都身怀感激，包括对我的丈夫，我们的孩子，我的家人和我的朋友们。我感恩着拥有一份工作，并且感恩我的工作可以给我们的孩子（和我们自己）这些机会去认识世界。我有那么多东西去感恩，而且我知道我是非常幸运的。我认为我正处于人生的一个阶段，可以这么说，这个阶段很难去深入到精神享受中去。尽管我确定这与在台湾的这间酒店房间有一些关系，但是我不能完全确定这是唯一一件让我变成吝啬鬼的事情。

这不是意味着我没有感恩之意，我有。我只是没有感受到感恩之情。我感觉到其他东西，但我不能完全确定那是什么。

所以，究竟写这篇文章的目的何在？我记录这些因为我想去承认这个事实，并且去承认也许很有可能其他人在节日期间也没有同样的感受。事实上，这样的节日会使他们感觉更糟糕，即使这也许看起来并不符合常理的。

表面上看，我度过了艰难的一年，但在我个人看来，有点像过山车的状态。我认为几年来都是这样。至少，今年（目前）我已经从磨练中坚持过来，是值得庆幸的，并且我真心感激一直支持我的人——特别是我的丈夫。

因此，当你坐下来享用着火鸡和配菜，并观看着你喜欢的足球比赛，留心观察身边的人，那些看起来有点犹豫不决或者强颜欢笑的人。伸出你的援助之手吧……他们也许感觉不到。

我爱你们，杰克，简，亨利和贝拉！

冥想

2012 年 11 月

印度，金奈

我已经在印度好几天了。我所在的位置是拥挤的，并且在嗅觉、视觉和听觉方面，充满了浓厚的异国情调，我喜欢。我知道大多数人都觉得这里是难以适应的，并且一些人甚至用更精确的词语去描绘它，但我还是喜欢。

我喜欢混乱的交通，混杂的公共汽车运输系统运载乘客去上班，去学校上课或者无论他们的终点站在哪里。我喜欢看到这样一个情景，就是孩子们穿着他们鲜艳的栗色和蓝色的校服去上学。女孩们的头发紧紧地绑在一起编成辫子，并且用花朵来装饰。妇女们穿着纱丽服偏坐在摩托车的后座上，抱着孩子，随着他们的丈夫向前赶路，穿梭在汽车、公共汽车、摩托车、自行车、人们和牛群之间。

我已经没有多余的时间留给自己。几乎每一天的每一分钟我都浸在繁忙的会议中。但是，在每天早晨和傍晚，沿途中我都会注视着在我面前窗外的世界。赤脚的孩子们追随着他们的父母，男人们穿着传统的服装，妇女们穿着五颜六色的服装，伴随着深颜色的肤色在逐渐退去的日光中发出闪烁的微光。看起来每一个人似乎都有理想，有抱负。看起来每一个人似乎都很满足。

我确信他们的生活——就像我们所有人的生活一样——包括挑战。一些人也许比其他人更感到绝望，但是，在极大程度上，从我车子窗户外看到的情况，显示出高效率的人们过上富有成效的生活。

随着我们继续开着车，我们经过一些寺庙，并且我很惊讶，因为在早上的时候，就有很多人聚集着开始他们的一天的祷告、沉思或者冥想。当寺庙外的线看起来似乎进一步扩展的时候（越来越多人进行祷告），让回程的我同样深感惭愧。我不再祷告。我已经没有这样做很多年了。在任何情况下，我从未发现它会令人满足。这不是说其他人没有发现它是令人感到满足的，平和的或者有意义的。但我没有。

不过，我已经发觉那种安静，仔细看看窗外，是多么平静。在那种安静下我听到一些东西的声音——那些东西在叫我——我至今还不晓得那是什么东西。但是我就感觉到。我只需要静下来去聆听。

父母亲的限制

2012 年 11 月

印度，金奈

父母亲的限制就像一种从众心理——只是因为其他所有的父母都在做一些事情，你会感觉到好像你应该也要去做这些事。其中的原因之一就是现在在上海，不，作为一个外国人在上海生活，你并不需要这些父母的从众心理，但是，特别是如果你想避免那些显而易见的圈套，你需要做的比你在美国的时候做的更少。

我们的儿子之前从来不玩英式足球。如果在美国，步入了 10 岁成熟的年龄阶段后，他永远都不能够从事这项运动。见鬼，如果你等到 4 岁的时候还没有开始，年龄就会太大而不用再考虑了。他整个春季都在上海比赛。他喜欢这样的比赛，并且他对这样的比赛有足够的了解，还有足够的技能去应对操场上的比赛。好极了。

在今年 11 岁，他开始参与美式橄榄球——在国内，他会在比赛的候选名单里。他也许可以尝试曲棍球（尽管我不想），但是在美国，如果到了 12 岁，他就无法参与曲棍球运动。在 12 岁的时候，你要么前往未成年人那队，要么你是一位“老手”，否则就是“失败者”，“体弱多病”或者“已过壮年”的队伍。

另外，从小学“毕业”后，究竟为什么每一位女孩都会染她们的头发呢？事实上我不会在乎把头发染了还是上了色，这是每个人都会去做的事情。对于妈妈来说，这简直就像一种来自于同伴的压力：你必须要为你的女儿预约时间去做挑染，否则她要么不酷，要么符合要求，要么做一位普通人。我真想不明白，孩子们真的想要这些吗？有人问过吗？

在今年夏天，我们的儿子跟他的表哥谈话，是关于“一些秘事”，并且我无意中听到他说他可以得到一只耳环，而且把头发染成蓝色，因为他的妈妈不在乎这些事情。他解释说她只关心性行为和毒品。坦白说，我更关心的是没有采取措施的性行为和毒品，但他已经 11 岁了。因此，目前我们只能在乎的是性行为和毒品。摇滚乐那些东西还好。

那么，今天，我看到脸谱网一下的一些内容，然后想着：正是如此！杰达平科特史密斯回复了抨击她允许她的女儿做的事情的一些言论，薇洛于是把她的头发剪了，并且把原来所剩头发的染成粉红色。

“一封给朋友的信……”这样的主题是老套的，但我从来不会完整地回复。甚至这封邮件也仍然是不完整的。关于为什么我会让薇洛去剪掉她的头发这个问题。

首先必须允许具有挑战性的。在当今的世界，妇女们和女孩子们时常不断地被外界提醒着他们没有属于她们自己的生活；她们的身体不属于她们自己，同样她们的能力或者自主性也不属于她们自己。我承诺着赋予我的小女孩这种权利，让她一直都明白她的身体，灵魂和她的思想都是她自己的领域。

薇洛剪了她的头发因为她的美丽，她的重要性，她的价值不是用头发的长度可以衡量的。这也是说明了甚至是小女孩也是有属于她们自己的权利，并且不应该作为她们的母亲内心最深处的不安全感，成为希望和欲望的一个奴隶。甚至，传统文化认为小女孩应该有这种成见，女孩子们也不应该成为这种思想下的奴隶。”

一个星期前，我们的大女儿打电话给我，为了一个问题——怎样令一个人失望。她担心我听到消息的反应会很糟糕，会说关于她的坏话，会让她感到不舒服，并且她觉得也许她应该只答应做他临时的女朋友，尽管她对他完全没有兴趣。我几乎失去理智，但是我还是尝试冷静下来数到 10 下。

我给了她一些建议，说什么，怎么说，和在什么场合说。与这个男生无关。只是她还没意识到那些事情而已——她喜欢交朋友但现在她没有深入去想过男朋友、女朋友的这些事情。这样不错。我也告诉她没有任何男生，任何男人可以对她使用任何权利，并且她不必对他所问起的事情都回答一个“是”。坦白说，终有一天她也许会被问起，并听到“不。”

重点是：她独自地做决定。没有人应该把他们的期望投到她的身上，而且她不应该接受这些期望。她可以选择对她来说，正确的决定和错误的决定。假如她过的生活是在正派体面的范围内——没有恶毒意图去伤害其他人——她的决定就不会令她成为争议、讨论或者嘲笑的对象。她也不必去做一位行为榜样。她应该做回她自己，随着时间的推移而进步着，正如她能够积累经验、知识和智慧一样。

我赞同杰达的观点。越早让我们的女儿们懂得她们要控制自己的思想、身体和灵魂，越好。

如果把你的头发全部剪掉并且染成粉红色的这些事情能够帮助你去明白这个道理，那只好顺其自然吧。对于你来说，唯独你自己，能自己决定什么是正确的事情。

按照自己的方式生活这一大课题看似容易，然而学习起来并不容易。拥有你自己的方式生活甚至更加的困难。并且，会有很多人尝试着在沿途中把你击倒……千万不要让他们这样做！

被拒绝登机

2012 年 12 月

澳大利亚，墨尔本

这是在印度金奈的早上 8:30。天气炎热但不至于难以忍受。到达了机场的时候，我惊讶于一些变化。比起我上一次呆在这里的时候，机场看起来更有组织性了，但这仍然不是我们已经习惯的在美国的那种生活方式，相信我吧！

我是幸运的。我乘坐着商务舱，意味着我能够绕开取票并领取登机卡的长龙队伍。但是，我必须通过许多层的安全检查才能进入办理登机手续的区域。

武装警卫驻扎在机场外。在你进入大楼前，他们第一次检查着你的行李。一进入大楼，他们就开始第二次的检查。第三次的安检是在检查完手提行李后，随后你就可以完全通过安全检查这一关了。

我递上我的护照和到澳洲的签证给柜台后面的这位女人。我身旁的一位小男孩告诉他的爸爸："原来她也是去澳大利亚的。"然后我们开始聊起天来。他很可爱，不超过4岁。但是，15分钟后，我想知道发生了什么事让我们等如此长的时间，并且把我的注意力转移到在柜台后的这位女人身上。

"为什么你的名字会以不同的方式显示在电脑里呢?"她问我。"嗯……也许我的姓在第一位。在我的护照里确实这样出现的，"我回答着。十多分钟过去了……她拨通了电话，安检人员来了。"小姐，请您跟我们过来这边，可以吗?"但这真的不是一个问题。

我发现自己和行李一起被关在在一间非常小的房间里，随同的还有戴着一次性手套的女人，两位带枪的保安人员和这位体贴的绅士，就是那位邀请我到"请跟我们来这边"的男人。啊，天呐！原来当他们把我的名字输入电脑里，一个显示着"警告"的标志突然出现的屏幕中，告诉他们不能发放登机牌给我。我已经在"不能登机的名单"上。那意味着什么呢——是不是就像"禁飞”那样？

突然一下子就感觉到非常暖和，接下来一系列的问题开始了：

●你之前有过被拒绝进入澳大利亚的经历吗？

●是否曾经有过被拒绝进入其他国家的经历？

●你去印度的目的是什么？

●你在哪里停留？（这位男人离开了房间，去证实我停留的地方）

●在过去6个月里，你都到过哪里？

●你最近有到过非洲，中东，加勒比海吗？（我想知道，这些问题有关系吗？）

●你曾经有入院就医过吗？

●你上一次去看医生是什么时候？

●你有带你的免疫记录吗？（是的！）

●你正在使用任何药物治疗吗？什么类型的？我们可以看看吗？

●你是独自一个人旅行吗？

●我们可以打开你的行李箱吗？（再一次说明，真

的没有问题）

这样持续了大概20分钟。我的行李被调查中。这里给出一个建议：买一些包装盒子，因为当安检人员决定要去翻出你的箱子的时候，要是能够把你的内衣内裤都堆在盒子里更好。

经过多方面讨论后，他们决定去做每一间美国公司对洗钱者做的事情：把他们交给其他人。因此，他们给了我一个去马来西亚吉隆波的登机牌。一到那里，我就会是他们的问题了。

但是，我的内衣裤都沿途一直都被送到墨尔本。不要问，因为我也不清楚。

我之前旅行过很多次，并且拥有了各种各样奇怪体验，但这次发生这样的事情真的是第一次。我立马决定随着人流移动。如果事情变得越来越糟糕，我会返回中国——假设我能够上飞机的话。对于那些人询问我的人，那不是他们的错，他们只是执行他们的工作而已。一些其他的傻瓜是负责的，或者也许这只是曾经发生在我身上最佳的恶作剧而已。

不确定接下来会发生什么事情，我走去休息室那里，点了一杯伏加特酒。没有橙汁只有伏加特酒。我能够去马来西亚。如果我不能走动了，那不会是发生在我身上最糟糕的事情。

一到达马来西亚，我直接走到中转柜台。一看到这位女人的脸，我就知道。“不能登机吗?”我问。“是的，小姐。”安检人员几分钟后也到了。

安检人员带我到一间房间，我们再次了提到相同的问题。我必须要说的是，每一个人都是善意的，并且他们跟我一样对于为什么我会在“不能登机名单”上表示吃惊。我的签证已经检阅过了，而且我已经做了所有的文书工作（别再认为我是重视过头了——你永远都不会知道这些意外的事情!）

最后，他们给我一张去澳大利亚的登机牌（递给了我）并且护送我到门口。我到达了澳大利亚，使用了我的迅速通关卡顺利通过了办理过境签证柜台窗口。站在第一排。我只用了40分钟就从机场出来了。这是在澳大利亚创下的记录。没有任何事情，没有任何问题，没有任何房间。我感觉到担子一下子减轻了。当然，当我到达酒店后，我的公司信用卡被婉拒了，现在我得自掏腰包为这次的旅程埋单。

是的，我仍然活在梦中……至少我没有被脱光衣服搜查。

最后一杯葡萄酒

2012 年 12 月

澳大利亚，雅拉河谷

到澳大利亚旅游是不同寻常的，但这份努力也是值得的。在周五的会议后，在一位善良且娇小的墨尔本邻居那儿用晚餐，这位朋友正在找房子。好极了。

连续三个星期的旅程是痛苦的。你要远离家人，尽管你可以花一些时间去和同事一起，但是在台湾和印度不同的文化习俗令人感觉到很难适应社会的生活。尽管我的团队是令人惊诧的，主要是以男性同事为主。女同事的数量，我想我可以用一只手就能数完。我正在从事的一些事情，但这些事情有时候也会令人有点尴尬。

不过，在澳大利亚的时候，让我赶上了去和一位在几个月前刚从上海返回澳大利亚的朋友见面。这使你有机会放松自己，减少压力，正赶上在她寻找第一个落脚地的时候，陪着她一起重游故土。

我们在路边的唐文森佐餐厅吃晚餐，让我想起来我最喜欢的用餐地方就是位于芝加哥旁边的旧邻居——格里维尔。我们坐在外面，点了一瓶酒，共享了一些美味的炸鱿鱼沙拉，蘑菇意式特色烤面包和玛格丽特披萨。现在在澳大利亚的季节是夏天，坐在外面立即让你感到全身放松。澳大利亚人是了不起的人们。

第二天早上，莎拉看到她的“梦想中的房子”，然后开车搭上我。她真的已经找到了“唯一一间喜欢的房子”。没有什么比你亲眼看到其他人的快乐生活让你更快忘掉自己的烦恼，特别是当你真心地为他们的开心而开心的时候。看着那个地方的一些照片非常令人神往。我希望她能够得到这所房子，以至于我可以随时到她家里去。我们带着一些理由前往雅拉河谷去庆祝。并不是说我们需要这个理由，但能够有一个理由总是好的。

雅拉河谷的景色真的令人激动的。我们参观了很多个葡萄园，并且乘车穿过山谷，沿路上品味着美丽的景色。我时常想起杰克——品尝着葡萄酒以及优美的周边环境都是对葡萄酒热爱的摄影师的梦想。

随着我们站到了品酒酒吧旁，在葡萄园里吃着午餐，然后驾车穿过山谷，我感觉当我离开他的时候，我做的事情总是有点无知的。这里真的没有其他人是我想要跟他一起度过这样美好的时光的。在沉浸这种美妙的体验中很容易感到有点遗憾，因为我是如此经常地发现这些体验都是我自己一个人经历的，没有他的陪伴。

尽管在这天，我有莎拉的陪伴，并且对于我们女人来说，今天是属于我们的。因此，我们买了面包，奶酪和无花果，并大口大口地吃着。没有任何理由假装你不想吃，因为出乎意料的是，奶酪不会太油腻，并且无花果很甜很柔软。我们把面包撕碎了，沾了点奶油，柔软的奶酪和加了糖的无花果。完全不需要用刀。

当你和你的女性朋友在一起的时候，你可以随意地把自己的头发放下来，让你看起来与众不同。至少你能够这样做，如果你拥有了真正美好的和有价值的女人作为朋友。尽管我只有极少数真正的闺蜜，凭她们的实力，都是真正令人惊叹的女人。这些女性朋友，让我可以跟她们分享我内心深处的不安全感和一些令我感到最有乐趣的事情给她们听，因为我知道她们都是身同感受的，令人愉悦的，和最重要的是，无偏见的。

我们吃了一个丰盛的午餐，并且在尚东度过了一个非常满意的旅行，然后我们出发去在雅拉河谷里的一些其他的神奇的葡萄酒庄，包括史迪克斯酒庄，碧安切酒庄，德保利酒庄和优伶酒庄。

当我们返回到墨尔本，我们享用了一顿令人垂涎欲滴的晚餐，由于今天仅仅是我们女人的日子，我们都穿着睡衣，开了两瓶酒，并打电话叫客房服务，不仅点了一桶冰，当然，还点了一些法式炸薯条。

在周日的早上我们睡到很晚才起来，非常的晚。我们前往海滨区去搜寻着哪里有早餐吃。这时已经是12：30了。我们在海滨旁的餐馆区来回走着，去寻找着薄煎饼，结果却被一次又一次地拒之门外。令我们沮丧的是，餐馆正提供着午餐，而不是早餐。最终，我们决定选一间有美丽风景环绕的地方用餐，我们坐下来打算在比尔布莱斯餐馆里用午餐。令我们又惊又喜的是，我们竟然在那里可以享用早餐。啊……

放纵是本周的一大主题，我们点了柠檬酱和大黄法式吐司。是的，这是令人垂涎欲滴的美味。这是我一直以来都难以忘怀的一顿早餐，我们可以打赌，当我再次来到墨尔本，我会回到比尔布莱斯餐馆用餐的。

在早餐后，我们出发前往在墨尔本艺术中心外的市场。我不能告诉你我买了什么东西，但这是一个成功的购物之旅。在圣诞老人的访问后，你会懂得更多。

在那里，我们步行穿过河，并且回到这座城市。墨尔本有些很宽敞的道路或巷子。在墙上乱写乱画的艺术家们装饰着通道作为令人惊叹的艺术品，并频繁变化着。那里也有一些华丽的巷子，巷子里有商店和餐馆。这并不奇怪，我们停留下来，享受着正午时分的香槟和柠檬挞。

你几乎可以漫步在这座城市的任何地方。那里有许多迷人的地方可以去参观，还有独特的商店和玲琅满目的食品可以挑选。这是美食家们的梦想，因此我感觉自己完全在天堂中，并且搜尽一切可用的辞藻来表达自己的感谢之情。在周末的时候，户外市场充满着一片的繁华状态。墨尔本确实是世界上最伟大的城市之一。

这时的季节显然是夏季（大洋区：澳洲或新西兰地区），那些装饰品告诉我们，现在已经进入了圣诞节。这座城市到处都盛装打扮着。当我在中国的时候，我真的很怀念那些圣诞装饰品，然而在这里，那些装饰品真正地让我感受到圣诞气氛，尽管我已经及时退了回去。

在这里的大型百货公司，玛雅，有“圣诞窗户”可以让我们听到时间的流逝。他们是如此的令人惊讶，那些孩子们排队伍，为了等着看展示表演。花圈被悬挂起来，花环被布帘覆盖着，并且一直沿着行人购物区，放出银色和红色的火花。为了圣诞这一重大的节日，甚至一些无轨电车都被装扮一番。今晚，我总是期待着列车长可以拜访我，并且带我去坐上极地快车。

然而，每一次出行都有进入尾声的时刻，快乐的时光总是过得特别快，因此我喝着最后一杯卡百内红葡萄酒，品着最后一口无花果奶酪和硬皮面包……由于明天是星期一，我必须要回归现实。幸运的是，在我返回上海的家之前，我将会和莎拉一起在悉尼度过下一个周末……然后只有仅仅 7 天时间就到了我们在夏威夷的圣诞假期。

最后一杯酒。在周日晚上。

莎拉，为了这次精彩的周末，敬您一杯。当然，杰克，为了让我在一年中最漫长的工作“旅行”中，给我这额外的时间让我自己独自去感受而作为这份小礼物送给我，敬您一杯。

领导能力，勇气 & 魅力

2012 年 12 月

澳大利亚，墨尔本

那些能够领导团队的，有勇气并且有魅力的人，他们都各有特点，不尽相同。但这些并不是基准。至少，我没有经历过。我也发现魅力经常被误解为领导能力，并且除了领导力，人们频繁地误解勇气为一切，尤其显著的是反抗和不服从。

对于妇女来说，这呈现出一个引人关注并进退两难的困境。如果你是有胆量的——如果你愿意有勇气地去坚定你的信仰，发表不同的观点（而不是简单地同意并过后在门外抱怨），你会经常被描述为不是“良好的合作伙伴”的特征。具有超凡魅力的人可能是把双刃剑——你也许被别人认为是卖弄风骚的人，或者在你背后说出更糟糕的话，又或者，如果你的魅力以一种自信的行为表现出来，你就会被别认为你是爱出风头和争强好胜的。

最近的经历让我想到具有统治优势的男权文化想要“被统治的妇女们”顺从。如果你有“魅力”和“顺从”你周围给你提意见的男性领导，那么能够推动你的事业发展。换句话说，如果你（似乎）接纳他们的信念，你也许就会被看作是一位领导。并且，如果你没有足够的魅力去胜过他们的话，这对于你的发展有帮助。

不久前，Catalyst 发表了一则报告，命名为“呼唤所有白人男性”。Catalyst 曾经问过，是否培训可以对白人男性的统治文化产生影响，让他们更包容？结果却是有趣的。

研究讨论集中在全球工程公司——罗克韦尔自动化公司的员工身上。这项研究支持 Catalyst 的论点，这个论点就是要意识到使男人们担任性别多样性的领袖的重要性。Catalyst 下结论说培训能够促进总体工作态度和行为的可衡量的变化，而且能够创造一个环境，就是让妇女们和少数族裔可以改进他们的管理能力和领导能力的环境。

研究的主要重点包括以下几点：

增加工作场所上的礼貌行为和减少小道消息的传播（例如，暗讽的话语和背后的评论）。在一些工作组中，参与者的同事们认为在做了实验后，工作场所的流言蜚语的发生率在39%，比以前有所降低，这表明，已经改善了彼此的沟通和尊重。

经理们似乎趋向于承认不公平现象的出现。在实验过后，增加到17%的经理们认同白人男性比妇女们和少数种族更具有比较大的优势。

经理们发展了五个关键的行为。为了寻找不同的观点，去更加直接地解决感情上的管理问题，经理们在关键的技能上做了改进，以适应如今的多元化市场需求。

跨越种族的问题处理。经理们之前没有过多地跟跨种族有合作关系，在实验后这种情况已经明显改变了，当突然间批判性地想到不同的社会团体——增加了40%的概率对比先前的那些合作关系的9%的概率。

那些对偏见行为关注最少的情况，被改变得最为明显。在实验后，经理们最初对出现的偏见表现出漠不关心的态度，这种情况已经有了显著的变化，主要在担当起个人的责任的同时，做好带头作用去包容其他人，这有数据为证，有15%的增长率。

最后，Catalyst说：

“公司上下能够看到在包容行为上的一个很大的转变，当白人男性们承认这种不平等的现象，并且接受这种改变，随之他们没有产生出各种问题，作为一个领导他们有责任去成为解决问题的一份子，”Catalyst的总裁兼首席执行官艾琳H·朗说。“我们不能只是依赖于妇女们和少数种族去提倡这种文化变迁。调查结果是更有力的证据，那些最经常在高层领导位置上的白人男性，也应该要做好榜样。”

【资料：Catalyst，“召集白人男性”，2012年7月】

当然，我还是有偏见的。因为最近，上级部门给我提了建议，就是具有明显优势的情况下，我需要去做更多的事情来“重建”与某些白人男同事的关系。我对选择“重建”这个词有着特别的兴趣。

首先，这些关系不是预先存在的。在我被分配到中国的位置后，这些个体才接受目前你的位置。其次，所有的这些男人的级别高于我，这就暗示了，对于他们来说，作为领导阶层的人，要跟我建立关系的这种行为会更大程度的以失败告终。再次，我似乎在我的跨文化团队里没有这些关系问题（作为合作测量设备上的目标分数的证据）或是在亚太地区我的跨文化管理层也并没有这些问题。

似乎这个问题存在于所有的男性，主要是白人男性，北美洲的领导人。关于这所谓的关系问题上，这是很难确定的，因为没有人给我任何真实的数据。但是，现在我已经弄清楚，就是由我自行解决这个问题。

根据 Catalyst 的研究表明，如果男性领导人参加培训和表现出更多的行为榜样，那么这样的话也许会更加富有成效。就像朗说的那样，期望我去领衔带头，充当领导，这种变化是无意义的。

Catalyst 最近推出 MARC 的活动，男人们提倡真正的改变，一个网络上的学习团队，专业承诺在工作场所要达到性别平等。我发现有一则消息，既使人有所领悟的，也令人恐惧不安的——这是一则未经审查编译的男人们给她们的女儿发出的留言。

【资料：MARC,”给女儿们的留言”，2012 年 11 月 21 日】

●坦率地说出你的想法，但做这件事的同时要保持高贵和优雅。一张漂亮的脸蛋常常毁于一些恶意的言论。

●妇女们已经滥用了“为平等和正义的权利而战”这个理由。不要以为她们不会把你带走，而感到沾沾自喜。她们能够并且她们会……从来都不允许任何这些权利被带走。

●妇女们必须为了改变而承担起责任和所有权。没有足够多的男人会为了妇女而挺身而出。妇女们必须继续破除在各方面都针对于妇女而表现出歧视的这种制度。

●不要跟任何人讲任何废话。我们教会人们如何对待我们。如果有人欺负你，以牙还牙。

●嫉妒是一件很糟糕的事情。如果有人会编这样那样故事的话，你必须要克服它。随着时间的流逝，人们会弄清楚那些流言不是真的。

●做一位令人喜爱的……（对不起，这是我的语言，但你应该知道我要表达的意思）

尽管我相信留言板的意图是用作鼓励妇女的，但是很多（我的意思不是包括全部）条内容看起来是暗示着妇女们仍然需要带头做出极具影响力的改变。这跟 Catalyst 的研究调查相反。更进一步的是，性别的角色定型已经很明显了。即使是尝试去鼓励她们，但留言板上始终会被一则“一张漂亮的脸蛋常常毁于一些恶意的评论”这样的内容所弄糊涂。这则留言是真的吗？

最近，雅虎首席行政官玛丽莎梅尔的任命引起来很多的关注。MARC 问玛丽 C·威尔逊，白宫计划的创始人兼荣誉退职总统，为什么这个职位受到如此多的压力。“但是就在最近”，威尔逊说，“我们开始懂得我们需要凑够人数（通常任何一个组都考虑三分之一的成员）为了妇女们和其他‘外人’不被看作是例外的。”

【资料：“房间里的唯一的女人：作为一名代表的风险性，”MARC 采访的一则妇女的博客，2012 年 10 月 2 日】

换句话说，妇女们在政治权利上仍然是个例外；然而，继续过度地关注与他们的男性同行之间的比较。甚至，一些男人会把这些留言的内容给他们的女儿看，暗示着在我们的社会上，消除性别歧视这个问题还有很漫长的一段路要走。当被问到发送一条留言给某个人的女儿时，这个人会训诫他那位真实的或者虚构的女儿去做一个“令人喜欢的婊子。”成功的女人仍然被描述为婊子——无论令人喜爱与否。

高跟鞋，药丸 & 酒

2012 年 12 月

澳大利亚，墨尔本

免责声明：我知道我一直在写作，你不应该让其他人惹你不开心，而且你不应该理睬那些“怀恨在心者”。但是，你要知道，我是一个人。有时候，事情可能会变得很阴暗。我已经纠结着要不要发表这篇文章，但是最终我决定还是要发表，因为这是——事实上对于我来说，这是在中国的一部分经历。有时候，真的糟透了！但是，尽管我写这篇文字是一个多月前的事，要知道我正在和我的家人在一个美丽的并且特别的地方度假呢，在这里我有机会去重新调整自己的观点。三个多星期跟我爱的人在一起……主宰着这份最棒的礼物和最艰难的任务的仍然是时间……

是否曾想知道想要活下去是什么样子的呢？从黑暗

中，很难找到一丝光线。要找到的话需要花费力气，这使你筋疲力尽。每一天都挣扎着起床然后离开。起床，尽管你不能找到适当的理由，但仍然用你的方式去假装地度过你的一天，你的一周和你的一生。

如履薄冰。每天步履蹒跚地穿着我的高跟鞋，走到办公室，只想知道是什么越来越荒谬的新游戏去迎接我。对我来说，活下去就是不管从本义上还是象征意义上的挣扎。没有人会喜欢聪明的女孩。至少，没有人喜欢直到你需要她就像需要国务卿那样。

有天早上，我 6:15 醒来，然后查阅我的电话去确定我 7 点钟的电话会议是否已经有安排。一直工作直到将近昨晚 10:30，我累了。对于我来说，周五早上显然有些困难——我讨厌 7 点的周五电话会议。我在家开电话会议因为无数次我到达办公室后才发现会议被取消了，即使我还在睡觉中。是的，这是一则来自北美洲的电话。并且，当我还在熟睡中，他们已经取消会议了。这是低水平的狗屁东西——让人恼火，但不值得过度的大惊小怪。你只要查阅好你的电话，并且在家开电话会议就好了。

这是一个独特的周五，但是，我查阅了我的电话后，然后发现我的一对一参加的人不仅仅是我和老板，还有一位人力资源部的代表。不知道为什么。嗯，也许只是一个小小的想法……没人喜欢这位聪明的女孩。我连续服用了两粒抗焦虑药丸，喝了半瓶啤酒。

战战兢兢。这则电话持续了 30 分钟，并且很烦人，在某些方面，当你有勇气去公开你提出反对的声音，我觉得你不应该期望人们会理解。没有人想去听皇帝没有新衣服这种老实话。即使那是我主持的会议，还是被告知这是关于“人际创建”。有趣的是，这样的关系的创建必需十分明确并且看起来似乎直接关系到我持有的“皇帝和他的新衣服”的观点。

最后，我被告知要亲切友好，这并不是我的强项。我不能容忍愚钝的人们，我从来没有并且不想去马上改变过来。在我看来——噢，你是知道我有一个看法——那就是一些人花费了很多时间去谈论，但极少有时间去付之于行动，极少有时间甚至花更少的时间使自己具有建设性。我只是没有心情去认可“亲切友好”这样的词语。

喝完啤酒。

因此，最近，在周日晚上心情忧郁，从周六下午就开始出现这种情况了。这个恶魔在早上的时候返回家中的黑暗角落。冷漠镇定再一次潜入家中。它就在角落那里，等待机会去压倒我和我的高跟鞋。

这则电话真的让我大吃一惊。让我生气。我觉得这是严重的性别歧视并且思想狭隘。数个月来，我都一直听着美国那边的人力资源部告诉我要有“更多的魅力”——是的，这种幻象在你脑海中，当我听到——“为男人服务”，这种幻象现在恰好也在我的脑海中。

具有讽刺意味的是，这是一位妇女告诉我这些。如果我没有跟他们合作好，那我们怎么会有在这个地区有如此大的进步呢？真的令我感到很不安。我也知道所有的事情，铸石比建造桥梁更容易。以一个更广泛的视角来看，如果事情的发展得不顺利，那么他们必须要找一只替罪羊。我现在就有点感觉到我就是那只替罪羊。

在我被告知不能唤起别人去注意我的不同之处后，我在一月份的时候已经不穿裤子了。我喜欢希拉里和她的西服长裤，但是，当穿上了西装革履，我的“不同之处“真的就不惹人注目了吗？我不知道西装革履是否是该问题的答案，但是当你告诉我不能够或者不应该做某事时，我就会去做。因此，那些连衣裙和高跟鞋重新进入衣柜里，并且它们作为一种声明……是的，声明。进一步说，它们是防护物，抵御全部的废物入侵。

突然，这些高跟鞋，裹身裙，药丸和酒不再足以驯服黑暗势力。我意识到这听起来多么可怕，但是，真的，这暗示着我需要的是自己变得有魅力，去迎合公司的晋升制度——事实上，只是继续停留在公司的晋升制度上——过去和现在都是令人沮丧，令人泄气和有损人格。

当这些理由突然变成了假象，并且你要靠药丸和马丁尼酒来强化你的意志力……嗯，你正在挣扎着。我正在挣扎着活下去吗？也许吧，都是靠构造重复的工作、日常事务的熟悉程度来让我继续保持前进。我失去了感觉。我感到麻木了。由于某些原因，进程停了下来，这是我不能控制的，并且他们把我甩开千里之外，但，事实上，这影响着我，不合理地影响着我。

没有人愿意看到这种情况的发生，除了我。我控制着我的反应。我受到打击很失望，并且挣扎着想弄清楚为什么会这样，在2012年，仍然有必要对妇女产生定型的观念——我的言辞太具有攻击性了，因此我应该要多一些魅力。但是，杰克是自信的和坚定的。他注重这些结果的实效，然而我是个怨妇。为什么我会这么在意呢？

在贫困、战争和暴力的条件下，人们挣扎着活下去。也有的人都在努力挣扎着找一个借口起床。这看起来似乎很疯狂。这是任性的。但是，这的确是真实的。

在角落里的这只恶魔活在我的脑子里。它以某种形式生活在那里已经有30年了，多年来或多或少的成功让我的心情好多了。起初我发现过去的几个月不断地让我生气，然后令我伤心，最后让我充满自我怀疑的情绪，甚至更糟糕。如今，冷静镇定回来了。

抉择的时间到了。

又到了每年的这个时候……我的意思并不是指圣诞节

2012 年 12 月

上海

这是无法避免的。我的业绩评价被安排在这周，如果你按照这样一直做下去，我并不指望这会是件美好的事情。如果不超出范围的话，我只是期待着被告知我已经达到了目标，但是这里涉及到我要“如何”达到的问题。

面对那些权力势力，我有足够的魅力和顺从去迎合吗？或者到关键的时候会为自己而挺身而出，抑制自己的情绪，然而其他人会不会为了满怀激情地追求卓越的工作表现而做事富有责任心又注重实效呢？嗯，如果做了后者，我就是一个婊子（这已经早就强烈地感觉到了），然而，如果我做了前者，我也许会受人喜爱，但我无法专注地完成我的工作。

这就是目前的难题。当我在那三个星期的旅行中，我给了自己许多表现的反馈。真的，我已经有两个星期没有在家，并且在周日的时候，我还在机场的候机室里写下这篇文章呢。

最让我纠结的是对于一个年轻的女人，像我那样，有着坚定和果断的性格。她很聪明并且充满雄心壮志。她长时间地埋头工作，并且她相信她终会实现她自己定下的目标，把她的时间全部投入工作中，并且能够正面地迎接各种挑战，这样会帮助她获得成功。不过事实并非如此。

从其他同事的一些关于她的反馈来看，听起来几乎跟我最近接到的反馈一样。她太过固执又喜欢战胜自我。她太过固执己见了。她不爱好好地听别人的话。问题是，我观察过她，她的确有好好地听别人说话。然而，当她发表讲话的时候，你就不喜欢她说话的内容，或者她说话的方式，因为她根本不担心在这房间里的任何反对的意见，并且她还满怀信心地传递着消息呢。她根本就是那位有胆量说出皇帝没有衣服的人。我要对这位年轻的，聪明的，雄心勃勃的女人说点什么呢？我要告诉她真相吗？

是的。真相就是此时此刻在你的职业生涯里——做到了这个级别的管理人员——在这房间里你会经常感到孤独。有时候你必须要在你是谁和你想要成为什么样的人之间选择。这种决定不是冲着这几年来的，而是迟早都要来的。并且，这种决定很简单，真的——无法承受的简单。

你想要成为迎合其他人期望的女人吗？一个女人应该如何表现？或者你想要做真实的自己？如果你选择前者，你也许可以很好地继续向前发展。如果你选择后者，机会就会很渺茫，非常渺茫，你就要继续攀爬自己的事业阶梯，但最后，你也许比迎合别人认为你应该成为的那种女人，显得更加开心。简单。令人心碎般的简单。

在杰西卡·华伦提的博客《民族》里，她对谢丽尔桑伯格的书和对她尝试着令自己“受人喜爱”的亲身体验作出了评论。在华伦提的博客里带有讽刺意思的标题——

“她就是死于赢得最‘受人爱戴’的头衔?”——我产生了共鸣，这就是为什么我最初阅读这本书的原因。

华伦提注意到，当在 2004 年的时候她开始写博客，她回复了每一条评论，不管那些评论有多么的下流险恶。她仍然相信如果她有礼貌的话，她就能够说服这些在批评指责的人。真的，她相信以她的专业性，她能够使这些批评家心服口服。然而，她错了。

华伦提写道：

“当脸谱网 COO［首席运行官］谢丽尔桑伯格在 2010 年环球会议做演讲，她提及到其中一个问题——随后她在 2011 年的纽约巴纳德学院的毕业演讲时作了解释说明——是讨人喜欢的。‘对男人来说，成功和受人喜爱的程度往往成正比，而对于女人来说，成功和受人喜爱却成反比，’她说。这不是关于女权主义者的新闻报道，因此我不能够想到的是为什么——虽然她们都深刻地意识到普遍存在的双重标准——但如此多的妇女仍然坚持着令自己受人喜爱，为此而损害了自己。

对我来说，在网络上花费了数不清的时间去跟人们争论着——就是我要对一些有思想深度的和固执的评论家们陈述这样一个事实——因为我认为这一切都展示着我是一个公平和思想开明的人。让我苦恼的是，如果我让时光倒流，我能够实现什么目标呢？

妇女们的‘受人喜爱’是女权主义者用来作为不平等的证据——他是一个老板，她就是一个婊子——但并不是我们想象的那些的女权主义的标准，像生育权或者同工同酬等。因为没有这样的政策规定你可以去创造让人们都喜欢成功的女人。也没有立法规定去支持或反对，或者甚至一场文化宣传的运动会让这种长期存在的双重标准降低。另外，对比一些更严重的不公平现象，要成为“受人喜爱”的人这件事看起来似乎只是小巫见大巫——为什么我们要花那么多时间去考虑？

不过受人喜爱的含义是持久的并且严肃的。妇女们调整自己的行为举止来令自己收人喜爱，结果在这个世界上拥有更少的权利。然而这种被人喜欢和接受的欲望超出了这间会议室——这个问题同样出现在她们个人生活中，特别是她们变得更加固执和坦率。”

【资料：“她死于赢得最‘受人喜爱’”2012年11月29日】

对于我无意中发现华伦提女士的博客，我心存感激。它道出了我内心的感受，或者也许它证实了我的第六感觉，就是接下来这一周我的业绩评价会如何。我知道北美洲的男人不喜欢我，因为我有勇气去做决定。雇佣和解雇团队成员，简化流程并且消除多余的员工。总之，这些男人不喜欢我，因为我做到了他们不能做的事情——领导力。

因此，在一周的中期，我就会知道究竟我是专注做我的工作还是去交朋识友。如果我未能跟北美洲的那些男人交朋友，那么我就专注于我的工作中。讽刺的是，如果我专注于我的工作，那么我会被糟糕地认为跟男同事们作对。这使我感到我不能赢。我只能输。为什么我还要继续着做这些无用功？我不知道，但我想完成这些工作以致于我来到了中国。

12 月 12 日

2012 年

上海

我在 8:30 的时候有一个约会，因此我要求在 7 点的时候进行电话会议，但是我被告知我必须要回办公室开会。明显的是，这是一种警告。当我的项目经理用还在美国的时候并且我的运营经理还在泰国度假的时候，为什么我还必须回办公室呢？这就是他们的花招。是的，我的业绩评价会议在 7 点钟进行。

昨天我被预先告知这个在上海的会议由我的人力资源部代表主持，我预料到会很艰难。我想到的是，在最坏的情况下，我会被给予“业绩低下”的级别，甚至会被增加到某些绩效改进计划中。不过我还是严重低估了大多数人的报复心理。

我的业绩反馈是一个难解之谜。是一种相互的矛盾。

留下了一个问题就是，怀疑法律部门的人是否已经察看过了，而且，就算他们过目了，为什么他们仍然被雇佣呢？我未能达到我的任何一个目标——不是仅仅一个。但是，我被看作是一个成功者。比起我，这可能说更多的是关于盐矿区。我未能达到我的目标，因为我未能做到有魅力。是的，魅力是我失败的原因。

在办公室里，我坐在人力资源代表的对面。我们打通了美国和泰国之间的电话。我的项目经理用军事般的精确度详细地浏览了我的反馈。他说尽管我在工作上取得了进展，但是由于我缺少与美国那边的领导团队（所谓“真正”领导团队）的良好的沟通，就这个原因阻碍着我达到目标。那个在美国的恶霸知道后，肯定会跳起舞来拍手称快。我的项目经理反复地问运营经理他是否还有什么其他的意见。每一次他都说“没有”。他的理由是他还没有目击到我日常和团队的相互交流。恰好，我的项目经理或者其他人也没有。我做这项工作得不到支持，没有监督管理，没有任何人在我背后监视着我。尽管我的失败已经被落实了，这是一个明显的事实，但我还是成功了。并且某一个人，或者许多重要的人，都会感到是一种威胁。

我跟一个从零开始的团队到达了中国。在这 20 个月中，这支将近 50 人的团队一起在不同的时区工作着，在完全缺乏北美那边的功能性领导团队的帮助下，我们要适应不同的文化，还要克服语言的障碍。你还需要找替罪羊？这里有一位——这位女孩比领导团队的任何人都低两个级别，让你受不了——她就是这只替罪羊。

我的运营经理使用了不插手的方式，直到给我的业绩反馈投上信任的一票的那一刻。我可以处理问题，保持项目正常地运行，应对各种的挑战和管理团队。为了证实我是一个好的管理人员，目标中“令人紧张”的得分本来是作为 360 度反馈的有力证据，但事实上只是会阻碍和扰乱获得真实信息的途径：没有女孩会告诉男孩们如何经营一家企业，尽管男孩们从未踏足于亚太地区。

举一些例子吧。我最喜欢的是逐步升级不必要的东西。这是如此的明目张胆地以致于我的狗狗也能够找出来。当我把那位恶霸叫出来的时候，他很沮丧。此外，这个真相是没有结果的。每个人——包括亚太地区和非洲地区的首席执行官（那个把他的看法记录下来的人）——一致地认为仅仅在北美洲不成功，而不是在中国。另外，我没有升职。亚太地区的首席执行官升职了，并且我一边回复他，一遍尝试着采集来自北美洲的那边事实和数据，但无果。相关的电子邮件是如此的清晰明确以致于令人感到不可思议的是，如何使用这个例子去证明这种虚假的反馈是正当的。更糟糕的是，我的运营经理知道这事，并且他保持沉默，令人讨厌。

我还是经得起暴风雨的来袭。但是，审核约 30 分钟，接着他们就扔下如此重磅的坏消息下来。在电话会议上的每一个人，都知道这件事的到来，除了我。他们已经知道这个消息有数个月了。但是，我没有接到任何警告。算了，没什么的。事实上，这样更好。就在几个月前，他们让我考虑一下把拓展的业务从 3 年延长至 5 年。但如今，我被告知我将会最迟 2 月 1 日被遣返回美国。少于 45 天。

在电话会议里的每一个人都知道我将会用 5 天的时

间放长假，在夏威夷跟家人团聚。知道 1 月 8 日我才返回中国。我还有三个学龄段的孩子。从逻辑的角度来说，这是极度愚蠢的行为。但盐矿产区并不在乎："这是公事上的决定。你的家庭不在考虑的范围内。"

暂且让我们先放下那事一会儿吧。"你的家庭不在考虑的范围内。"真的吗？我拖着整个家庭环游世界就为了盐矿产区的业务和我的事业。当我每天工作 12 小时或者 14 小时的时候，牺牲了和家人一起的时间。好不容易家人刚适应了中国的生活，最近感觉安定下来了，然而又要面对和克服许许多多的困难和障碍。这一家子？去你的！不。我们不会再 2 月 1 日那天登上飞机的。谈话结束。

直到我挂了电话后，我才释放出"去你的"这种情绪。在我办公室里，这位可怜的人力资源的家伙受了我不少气（随后我跟他道歉了），但是我把所有事情都处理得很好——从全面去考虑。然后我和曹先生走进车子，并且开车去购物，跑进商店里，那时候杰克正和苏，奈杰尔和斯科特（我们最亲密的朋友们）一起坐着，然后，当时我哭了。

杰克带我去心理治疗专家那儿看看，90 分钟后我回到办公室。我的脸上用微笑来掩饰着。这位人力资源部的家伙被吓得不知所措。“为什么你还在办公室里?”他问我。“难道我还有其他地方可去的吗?”我反问道。难道你真的想让我爬进某个角落里吗？啊，不，这还没结束。绝对不可能这么轻易结束的。

你最好做下准备工作，因为现在我要开始发怒了！

12 月 16 日

2012 年

上海

当你没有那么多时间的时候，你除了忙碌还是忙碌。我和人力资源部门开了会，找了一位高级培训师，此外，我每天都有去治疗专家那儿减压。我怎么能未战而言败呢，而且，在这个学期末之前，我不会把孩子们都退学。这是盐矿区必须要应对的问题，最后，应对我。

明天早上我们会坐飞机去夏威夷。事情还没定下来。一种公开的反对意见说允许我留下直到四月份，因为到时候那位来自美国的恶霸会来访问。如果，在那时候，我仍然没有足够的魅力，那么我将会返回美国，并且我的丈夫和孩子们在学年结束的时候跟着我一起去。但是，如果我的魅力指数有所增加，我会留下来直到 6 月底。我不会迫切要求第三年也会这样做。谁想要那样令人头痛的事呢？反正不是我。

我已经同意去接受一个高管培训师的职位。看起来似乎一开始盐矿区更加喜欢鼓励人们到管理层去，然后从事着他们不擅长的工作——解释得太多了。我雇佣了自己。结果是我并没有像盐矿区描述的那样是一坨垃圾，相反我是聪明的和有才能的，并且让那些不像我一样又聪明又有才能的人心生畏惧。我需要对这些人赋予更多的同情心——这是我很高兴做的事情，但是那位恶霸就不值得我的同情，我也不是那种太善良的人。

我们的孩子对我的这种处境一无所知。他们只是感觉到妈妈今天不对劲儿。他们也许听到我的哭声，尽管我力图控制自己，但还是特别的难以自制。我的精神崩溃加剧，我的抗抑郁剂加量，我的喝酒量也随之剧增，我在想跟这里的某个地方有关。

这多个月来，我的指南针一直都指向明天早上。如今，我感到恐惧。美国的盐矿区在圣诞节的时候基本上停工，这就意味着我要再等三个月才知道给我的建议是否能够被接纳。我正处于前途未卜的境地，并且要戴上假面具来度过我们的假期。每一刻都在缺少幸福快乐，因为我很担心，焦虑，愤怒，并且很迷茫。

我的工作就是如何给自己下定义。如何在我大部分人生当中如何定义自己。我投入了很多时间在我的工作上，在我的导师身上，还从无到有建立了一些东西，但我相信那些投资会以金钱，等级和机遇的形式产生收益。只是想尽量让家里的日子好过点。但我错了，错的非常、非常的严重。

“我是谁”这个问题并没有答案，然后我就置之不理了。我个人的绝望以致于使我达到了那种浑浑噩噩的程度。杰克没有推我前进，而是用尽他的全力来拉我回来。“不要后悔自己没有活在当下。”杰克一天多次地重复念着他的祷语。他对我轻声地说，因此没有其他人可以听到。他正努力说服我让我前往夏威夷。他不想我在绝望的情况下“错过它”。

太阳会升起来的，希望无限。我是一位阳光女孩。但是，很快它就会变得很黑暗，夜晚看起来似乎无止境的。

第三部分：解开心中的疙瘩 & 几乎精神崩溃

命运与定数

2012 年 12 月

毛伊岛

再一次，我无法入睡。这也许跟上几个星期旅途中的时区颠倒有关系，更不必说前两天我们被困于 12 月 17 日那一天。中国和夏威夷的时区相差了 18 小时，因此我们离开之前就已经到达了，如果你明白我指的是什么意思的话。

毛伊岛。简直是上天赐予的福气，就像天堂一般。但是，我似乎不能放松。海浪猛烈地拍打着，信风正迎面地吹来，所有的事情堆在一起，对于我的一生来说，最重要的是跟大家齐聚同一屋檐下，并且接下来的一个星期，我会处理一些其他的“优先的事情”，尤其是我的父母，一个弟弟和两位外甥女。

我是一个需要家庭温暖的人。惨剧发生于康涅狄格州的小学里，提醒着我家庭真的是多么的重要，我们多么经常把它当成理所当然啊。早晨，我们让孩子们走出门去上学，没有想过下午的时候他们也许会回不来。这是让人无法接受的——至少到最近。

每天早上，那些父母亲们是如何从床上下来的？家人、他们的孩子、他们的配偶、他们深爱的人都需要他们，并且他们也需要回报他们的爱。被需要和需要其他人回报的爱是人类条件的一部分，并且只有当你不再感觉到这不是人类条件的一部分，你可以让你自己继续留在床上，然后什么都不做。我不知道是什么令一个人想夺取另一个人的生命。但是，欲望蜷缩在被子底下并且忽略整个世界……我有这样的感觉。

在这几个月来，我内心的指南针一直都指向了这个日期。有一种欲望就是想让爱我的人、一切失败和过失都围绕着自己，并且设法看见我非常真实的欲望变得更多，做得更好、更值得。如今，在日历上的最后数据已经摆在这里，我挣扎着感到这样做是值得的。

我真的似乎没有感觉到脚下流动的沙子。它会回来的。杰克向我保证过，它会回来的。我很幸运。我有杰克。我也有我的父母亲，甚至在我45岁的时候，我只想拥抱我的母亲，然后在我爸爸的肩膀上哭泣，并且有人会告诉我它会好的，即使不会。

我紧抱着孩子们，并且告诉他们会好起来的。我相信它会好的。虽然我不知道如何或者什么时候，但我相信会的……我没有其他选择。我是一个母亲。我必须相信。

今天，我们看到一堆拥挤的人群，一只巨大的海龟，离开沙滩游进海水中。当地人说这只海龟已经在这里生活了一百多年了，在任何公寓大楼出现的很久很久以前。我们的孩子都着迷了。

我着迷于在我世界里的三个奇观。那个时刻，我思考着那些离我千里之外的父母们。我想知道，他们能再一次地感觉到地球在他们的脚底下吗……谁在拥抱他们呢？谁会告诉他们会没事的，尽管不会？

我有很多天都不能入睡。命运看起来就像从我的手中脱落，直到我设法拉回来一些，我睡不着。但是，我会珍惜和那些给予我爱的那些人一起的每一个时刻和每一天，只要求那么一点点的回报。

在中国，我是困难的、是被孤立的、是两极分化的、是引人注目的、是矛盾的，在中国我有新的发现，也收获了勇气。在康涅狄克州我更困难，但有潜力变得更加两极分化和更加引人注目。我们会发现什么，我们想发现什么，并且，不管我们发现什么，我们都有这份勇气去面对吗？勇气是一种选择。一种由孩子和父母，现代公民与传统臣民，政客和独裁者之间做出的选择。勇气并不是经常受欢迎的。并且勇气是经常被人高估的。

我们都有心声。但是，我们只有一种选择。在中国我正在保护五个人，在社区中慢慢恢复信仰或者保护一个民族或者地球上无辜的人民，你们——不，我们——都是我们命运的主宰者，还是我们集体共同命运的领袖。

注解：在中国惊人相似的事故中，一位精神病患者走进一间中学，并且袭击孩子们和学校员工。22 个人受伤，没有人死亡。尽管他没有带枪——在中国，拥有枪支是非法的，他带着有一把刀。我们都有一个共同的命运……

简单的快乐

2012年12月

毛伊岛

当这一天已经结束并返回家中的时候，对于我而言，简单的快乐就是其他国家的所有人都消失，和我最心爱的人一起品尝着一杯酒。然后来自年龄最小的孩子的紧密拥抱。和我们儿子的一个吻，给正处于青少年时期女儿的一个爱的微笑。这些简单的事情往往都是令人最为高兴的。

在最后的几个月里，我发现在任何事情上都很难找到乐趣。已经过了折磨人且漫长的一年，我在工作上已经步履维艰。无休止的旅行，加上这一场为保持真实的自己而作的可能失败的艰苦斗争。然而，我感觉似乎我再也不知道自己是谁。中国看起来似乎对人们产生了影响。它会让你执着一切事物。

在质疑一切事物的同时，你必须要询问自己。在这种情况下，我觉得最好把事情弄得简单。谢天谢地，围绕着我的是一个美好和充满爱的家庭。我拥有一些支持我的朋友们，帮我度过了有时美好有时痛苦的旅程。在许多方面的，这已经成为一个共享的经验，在其他方面，这已经被隔离了。

尽管我多半会选择描述我个人在旅程中的各种经历和感受，但是我们的孩子却在另外一个国家经历着既快乐又悲伤的生活体验。我们的朋友们和他们的孩子分享了相同的经验，在一起的时候，我们互相找到了安慰。有时候慰藉是以欢乐和泪水的形式去表达出来，但是通常，它的表现的形式却是，在漫漫长夜后几个空虚的心灵围绕在装满食物和友情的桌子旁谈天说地。

简单。

也许这就是我一生中的黄金时代或者是驿站，又或者也许是中央王国它本身，但我发觉自己还是想在生活中得到更多，也许，从自己身上得到更多。年终将至，我发觉自己既不抱有幻想也没有受到任何启迪。我究竟要在这个鸡尾酒调酒器上停留多久，才能找出我的答案呢？我不知道。我只知道我有更多的能力去得到更多。我想做更多的事情。这很简单，真的。为了我的女儿和儿子，我想要得到更多的东西。我想在某些方面做出贡献去实现更多的可能。不知怎的，我感觉更多的事情已经变成可能了，至少对于我来说，但是我错了。错得非常非常严重。

作为一个女人，是上天恩赐的礼物。你有能力去创造、带来和养育生命。你得到的不比别人少，反而你得到的会更加多。但是，今年的大部分时间，作为一个女人我经历了一场伟大的战争，并且，遇到了阻碍完成我们目标的困难。不，这是不对的。作为一个女人并不会阻碍着我的发展，而是仍然有大多数的人持有对女性的偏见而阻碍着我的发展。这是完全不能相提并论的事情。

为了做好我的工作，我试过反抗和抑制自己的那股“受人喜爱”的冲动。在这间房间里，对那些认为女人没有价值或者不被需要的言论，我持有反对意见。正如年轻的律师想去救一个坐在电椅上的客户一样，这当然是没有意义的。如果在持有反对意见的情况下，一个生命也许就会被绞死。异议并不一定是坏的，事实上，有必要去实现任何有意义的民主主义。

在这一天结束后，我依然纳闷着这是否仍是我想要的东西。坦白说，我再也敢不确定我知道“这”的意思。我要尝试着去实现所有的“这”是——赞誉、金钱、名声？很难令我记起来。我怀疑我是否曾真的知道，如果我只是参与那些单调的工作并且继续运作，既提高了速度也倾向于证实了我也可以做得到。

如果我想继续这场战争的话，我需要更强大的盔甲。也许这就是理由，但是有一个女人坐在盐矿区的桌子旁说：妇女们非得累死不可？我们要做一个明智的选择去退出比赛因为这种牺牲太大了？不断地击鼓敲打着我们的脑袋，就因为我们做得不够好，或者不符合标准吗？(那么，谁是我们的参照物，让我们和她形成对比呢？)

我不知道答案。如今，我只有一些问题：我拖着家人和自己经历了太多我也许不再想经历的事情吗？如果是这样的话，我想做些什么事情呢？

在星期六前，我们就动身去度假了，我们制作着曲奇饼并且和来自世界各地的朋友们品尝着脆片饼干。我们都挤到一个厨房里，在许许多多的瓶子里装满了酒，甚至装满了友情。这就是单纯的快乐。在那一刻起，我没有询问自己。我没有寻找更多的东西。我只是单纯的我。

就像任何人一样，我是一个复杂和困惑结合于一身的混合体。我想从别人身上寻找智慧，特别是想从围绕在桌子旁装点曲奇饼的这群人身上寻找。并且，我还有能力去自我反思和反省。我开始再一次倾听自己内心的感受，以致于放慢了鸡尾酒调酒器的节奏。有一种温柔的呼唤。然而，我知道这种呼唤在试图寻找到我。

看起来，似乎我是在寻找着迷失的自己。我寻找着工程、工作、那些可以让我在全部时间里做回自己的事情。没有任何歉意，没有任何借口。也许我已经长大了，或者开始成长，长成了我自己。不管怎样，我也有我自己的新年愿望……去寻找并且做回我自己。

我最喜欢的事情

2012 年 12 月

考艾岛

尽管在工作上遭遇到严峻的挑战，但就我自己而言，我们的家庭已经度过了令人惊喜的一年。我的丈大不断地告诉我，作为一位家庭成员要把专注力放在我们做过的事情上面——像往常一样，他是对的。我们确实度过了很棒的一年。

这一年即将圆满地结束，因为有更多的家庭走在前进的路上。明天，圣诞前夕，我的父母将会抵达考艾岛。那么，我们就会跟他们，还有我的哥哥和他那些优秀的女儿们一起度过即将结束的这一年。真的，还有什么比这更好的呢？（如果其他所有人也在这里就更好了，但我会带走我能够得到的东西）

回顾 2012 年，有很多值得我骄傲的事情，包括我的职业生涯和我个人的生活。如果其他人并没有以同样的方式领会到，那么他们就不会理解。我们必须要消除分歧，求同存异，并且在 2013 年里解决这样的问题。如今，我是许多天堂版本的其中之一，那就是在过去的一年里，我有足够好的运气去经历这些体验。

如果让我公开坦诚的说出来，那么，我对 2012 年这一年表示很失望，因为我对自己失望。我有许多的遗憾。很多都是私人的事情。一直以来，对于我来说，如何平衡当一名我想成为的那种专业人士的同时，还需要成为孩子们的母亲，这种挣扎的想法常常困扰着我。要找到解决方法去平衡这些相互矛盾的要求，比我预想中更困难。但是，我没有后悔来到中国。我没有后悔努力去实现我相信自己有能力去达到的目标。要是没有尝试的话，我想我会后悔的。

如果我还没有尝试，那么关于我最喜欢的事情的列表里从来都不会出现如下的内容：

●我们在途径的吉普岛上庆祝中国的新年。泰国的美食，热情的款待和骑大象的乐趣。这是自马来西亚热带雨林见过猴子之后，一个旅程的美好的开端。

●观看亨利和简在表演《雾都孤儿》舞台剧的舞台上。我是如此的紧张！

●亨利在国际棒球锦标赛中表现得非常好。天啊，来自香港的那组队伍是多么令人惊叹啊！

●为了庆祝我们结婚20周年，我们第一次带孩子们去欧洲旅游。我们在慕尼黑品尝了啤酒，在萨尔斯堡观了光，并沿途唱着音乐之声的歌曲，还去到了举办奥运会前夕的伦敦。孩子们真的很喜欢哈利波特的迈步的姿态！当然，还有浪漫之都巴黎！

●在上海的美式橄榄球比赛中，亨利负责中锋和攻击防守。当然，他是最棒的球员，至少是我最喜欢的运动员。并且，让我逃离了沉迷橄榄球的困境。周日的橄榄球比赛，连同一旁的烧烤和酒吧一起，那才是真正的橄榄球比赛。

●夜晚，我和杰克还有朋友们在屋顶闲聊。晚些的时候，在屋顶天台上，夏尔巴人送来了羊排和酸奶酪，连同酒一起（或者冰，如果我们要喝波旁威士忌的话）。

●我注意到贝拉，发现她自己不仅喜欢游泳，而且她本身也是一个非常厉害的游泳高手。而且，她还认识了一位训练的伙伴呢……一个同样爱好游泳的人。

●跟威廉·林赛一起徒步到中国的长城上。黎明前徒步到长城去，这件事对我来说影响深远，至今我仍然无法用语言来表达那种感受。

●我在印度开车，并且能够存活下来。我喜欢印度。我喜欢那里的美食，那里的人们，那里的颜色，那里的混乱。那里可能会令人感到很压抑，但是，同时，它又是让人坐立不安，激发着令人兴奋的情绪。

●跟莎拉度过了一个疯狂的澳洲女生们的周末。我们游览了在雅拉山谷的葡萄园，并且考察了墨尔本。并且，紧接着的一下周，我们在悉尼。真的令人难以置信。

●我们在毛伊岛见到了海龟和鲸鱼，欣赏了彩虹和兴致勃勃玩了冲浪，观赏了黑砂和瀑布。

我不知道接下来 2013 年会带给我什么有趣的事情。尽管这些对于我们来说，都是真实的事情，但对于我来说，今年经历的这些事情几乎比以往的任何一年更加真实。我知道无论即将到来的是什么，都不能带走任何的喜悦，任何的发现或者任何的爱，在2012年这些事我都幸运的体验过了。

我对在过去的一年里所经历的所有奇遇之事心怀感激。我想，在某种程度上，这种‘艰难’会让磨炼它变得越来越好。2012年的矛盾与极端的思想，我不想再在2013年重蹈覆辙，但我不介意再一次返回欧洲，或者另外来一次令人惊叹的岛屿旅游。

现在是否已经太晚了，来不及把我的信送去圣诞老人那儿呢？

时间

2012 年 12 月

考艾岛

我最近读了一篇来自福克斯杂志上的，由安迪 · 埃尔伍德写的文章——“把 15.2 天增加到你的 2013 年里”。这出乎我的意料，因为我已经选定了时间作为我新年博客上的一大主题。埃尔伍德发出了微博来问你们是否可以在 2013 年找到 15.2 天。我回复了博客说——在 2013 年——就像 2012 年那样——我从盐矿区那儿购买了额外的假期。就在那一霎那，我意识到：时间其实是一项投资。

盐矿区的福利套装包括每一年可以“购买两星期的假期”，如果你的主管同意的话。我一有资格做这件事，就立即开始购买假期了。我会使用些假期去参加学校的实地考察，当其中一个孩子生病了，我可以呆在家里照顾他，跟我丈夫玩游戏，或者在圣诞节的时候做曲奇饼。我使用了这些假期以致于我可以有更多的时间跟我的家人在一起，在那段时间里，我就不会有内疚感。我做出了相当一部分的改变，去做到没有内疚感。

埃尔伍德的文章迫使我考虑着如何投资我的时间，包括我每一年都会购买的“额外的时间”。我意识到在办公室里，如果不能在我有限的时间里获得回报，那么我的投资就是失败的。但是，当我投资了时间在女儿们，儿子和我的婚姻上时，我获得的回报远远超出我的意料之外。我必须懂得来到中国是很艰苦的。但是，就因为这样，我上了宝贵的一课。

在 2013 年，我将会成为我这样的人，就是一直想把自己的时间投资到真正对我重要的事情上的人，事实上这样的话，我就可以区别对待。并且，我会停止投资我的时间到那些不值得的事情上，包括深夜举行的会议，不必要的旅行和对细节的过分关注。我会更加开心，得到更多的满足，成为一个更好的人，因为我把时间投资在对我来说重要的事情上，这样付出的红利会直接偿还给我。我想，这是最自私的新年决心。但我仍然我还在做着这件事。

我仍然会购买假期，因为时间是最宝贵的礼物（和最残酷任务的主宰者），并且我不会让这份礼物被拆开。我已经很幸运地跟我的父母，我的丈夫，我的孩子们，我的哥哥和他的女儿们一起度过了这个假期。当假期结束后，我还会投资 23 天的时间。回报已经开始滚滚而来了。

变幻之风

2013 年 1 月

夏威夷（“大岛”）

海水是深蓝色的，时而泛起白色的海浪。天空是天蓝色的。太阳散发出炽热和明亮的光芒。但是，风却是猛烈的。那些绿色的棕榈树大幅度地随风摇摆，那些强壮的高尔夫手受到惊吓，甚至退回到俱乐部的会所。但是在夏威夷，这仍然是完美的一天。

在我们假期的真正的最后一天，我感到有一点悲伤。你怎么可能离开天堂岛而心里不会隐隐地作痛呢？你怎么可能离开你去年只见到两次面的家人，而不会伤心地落泪呢？悲伤的蓝眼睛，颤抖的肩膀，静静落下了小小的眼泪，这些小动静都感染了孩子们。我的心都碎了。雪糕并不会让这一切变得更好；尽管，他们仍然各自吃着雪糕。也许他们在眼泪的模糊中，看到的雪糕都变成两个了。

离开家人是这个旅程中最艰难的一部分。坐在返回的飞机上，想着什么时候或者你是否会再一次看到他们。这是我见到我父母的最后一面吗？这个问题一直都浮现在我的脑海中。我把它放在一边，然后继续前行。至少，那是我一直都做的事情。但是，风的方向在改变，并且我把焦虑推向一边的这种能力随之减小。

他们说挣扎不应该和失败相混淆。我想这是正确的——然而当你正在挣扎着，感觉这绝对像是失败的。我看着我的三个孩子努力着和他们的堂兄弟姐妹还有他们的祖父祖母坚持到最后一刻，我怀疑我是否让他们失望了。在我心里，我感觉到不安，我怀疑我是否令自己失望，或者更糟糕的是，令我们所有人失望。

当我记录下这些的时候，风变得越来越猛烈。这感觉它似乎要跟我说话。聚集你的所有力量，高高地抬起你的头，并且踏进狂风里……它会带着你到你需要去的地方。相信自己，乘风前进。

时间是我的决心。这个明智的和深思熟虑的时间投资让我感到开心，并且让我成为我想成为的那个人；而不是去成为其他人希望你成为的那个人。是的，狂风正在变得越来越强烈。

我需要让狂风带我走一段时间。我知道这过程是颠簸的。在2013年的前夕，几乎所有事情都是未知数，除了一件最重要的事情——我家人的爱。因此，再一次地，我会把焦虑放到一边去，然后有些声音在我脑海里回荡着，告诉我这是我的“过失”，然后高昂着头。我不会稳住自己的身体来面对狂风，我也不会踏进去，我只会拥抱它并且让它举起我，带我去下一个冒险的活动，下个一章节，下一站的旅程。谴责那些没有宗教信仰的人。

相信

2013 年 1 月

夏威夷

在他上飞机之前，他紧紧地拥抱着我，并且在我耳边小声地说，“相信。”突然间我仿佛再一次回到了 12 岁。他退回来，并看着我，是那样的亲切却又不苟言笑的，十足一位父亲范儿。眼泪流到了脸颊上，他微笑着。“相信。”最后一次的拥吻。然后他离去了，再也没有回头看。

我发现自己很难相信上帝。我发现自己很难去相信人们，我发现自己更难去相信自己。我也不是一直处于这种状态。我差不多花了数十年的时间磨炼才拥有这种无信仰的美好感觉。我有很多导师一路上都在教导我：你不能……你不会……你不应该……在某种程度上我开始相信这些怀疑论者，并不再相信自己。为什么呢？

我也许知道这个问题的答案——这是我保守了30年的秘密，这都是来源于我内心的不安全感——并且常常困扰着我，真的，一直都困扰着我。在深夜唤醒我。让我背脊发凉。惊恐得连脖子后面的毛发都竖了起来。在我脑子里常常敲响着警钟，这些都导致我期待着失望，但是，我一直都惊讶于如何让自己失望。

相信。

因此，从一开始，似乎有某种声音一直在告诉我，我能够做到，在他上飞机前又说了一遍。然后我哭了。他说我拥有一颗钢铁做的心，坚强而不屈服。他还说我已经一次又一次地证明了。我会承受这种打击，渡过难关，然后继续前行。这是我所能做的。无论内心如何挣扎，自我怀疑的情绪涨潮般地一涌而来，我还是要继续运行着强制性的欲望并不能停下来，无论有任何形式的需求，我都要坚定自己的立场。

一个人能够做到多少次才能够获得更多呢？什么是更多？什么是更少？

相信。相信我。

我是幸运的。我并不孤单。我有相信我的人，爱我和依赖我的人围绕在我身边。然而，他们不可能代替我的位置。我必须高昂着头，穿着我的高跟鞋坚定地走下去，并且继续前行。事实是，在工作的分配任务上，我已经超过了盐矿区的期望，并且我已经接受了每一项被分配到的任务。事实是，我严重地对那些我曾经信任的人表示失望。这两种事实的交汇让我处在抉择的关键时刻。我一直都处于这种状态中，我如今已经意识到了。

相信。

明天开始下一篇章。装备自己，安排自己的事务的过程已经开始了。毋庸置疑，当我想起这些年来，被我爱的，并爱着我的那个人时，在黑暗中我还是会承认有一种自我怀疑的心态。他是知道的。他看到过那些恶魔。他就是那位与恶魔抗战的勇士。在他温暖舒适的怀抱中，我这颗钢铁般的心变得是那么的脆弱，变得害怕，变得……

人生的第一页在下一篇章是空白的。但是，如果我能够写下来的话，也许会以这样的方式开始：

“她穿着她黑色的皮靴，增了4英寸高的皮靴衬托着她165cm的身高，并且她的那条灰色修长的裙子，刚好覆盖到她的膝盖以上一英寸的位置。裸露出来小腿，这部分展示了她古铜色的肌肤。她的黑色衬衫完美地覆盖在她的身体上，并且她的黑色夹克是那么的干净整洁，剪裁合身，还是完全公务装的款式。但是，由于她的靴子跟太高的缘故，她要走开的话不容易，但如果需要的话她会变得很强大，即使她必须处理一些烦琐的事情。毕竟，她就是这么一个女人。

相信。相信我。

复活

2013 年 1 月

上海

对于一个没有信仰的人来说，复活是难以理解的。但是我感觉我已经从死亡中复生。或者，至少开始崛起。

耗费了几周，而不是几天，我终于回来了。我感觉它在我灵魂的深处。我不再感觉自己是失败的。我没有做错什么。我没有理由去感到惭愧。事实上，实际情况是相反的。面对逆境的的时候变得强大是艰难的。尽管其他人都把事情的矛头指向你，这时候要保持镇定是艰难的。但是，你如果自暴自弃，是无法改变现状的。所以你必须继续前进。

就在 24 小时前，我不认为自己能够做的到。但是今天在去往 31 楼的电梯里，我决定我要去做。不必讨论，不必辩论。我只是决定去做而已。我会去做的。我会。

今天。现在。

恢复力。为什么人们能可以迅速恢复活力呢？我不知道，但他们的确是这样。我也会这样。更明智、更强大、更坚定。并且，还有愤怒。这种愤怒可以让你想去改变这个世界。

在许多方面，我真的很像我的爸爸。为此，我心怀感激。因为没有他的不屈不挠和充满战斗力的精神，我也许就会生存不下去，更不必说实现目标。他给我的忠告就是要相信自己，继续向前进，不要去理睬那些怀疑论者，要去唤醒我的战斗精神。这提醒了我，其他人不能够随便给我下定义。我选择去做我要做的那个人。并且，不管其他任何人是否喜欢我，我都会继续前进。

我不知道明天将会发生什么事情。我只知道，无论如何，我都会处理好。我也许是悲痛的，我也许会尖叫，我也许会高兴得跳起来。但是，我会以我自己的方式去做好。我会有尊严地去做，我不会允许其他人带走不属于他们的东西——我。

离 2013 年只有两星期的时间，但新年的决心看起来非常地不错。时间如果花费在担心我不能控制的事情上，我不能够找回，如果时间能够回到跟我的孩子们打扑克或者在屋顶天台上喝酒的时刻，这样会更好。

我复活了。虽然我还是会有点不稳定的状态，但我已经下定决心。这是一个好的开端。

思乡之情

2013 年 1 月

上海

我最终登录到脸谱网上。送一份圣诞礼物给我的丈夫，他很讨厌我总是代他在他的主页上写东西。好吧。我觉得在夏威夷的那段时光真的很美好。但回到上海，我发觉自己想家了。这是一种我没有真正预料到的感觉。

我预料到孩子们会想家，特别在节假日和他们的生日期间。但是，大多数时间，我没有想家的感觉直到登录上那可恶的脸谱网后。我正怀念着家里的一些人和事吗？不完全是。我意思是时间在流逝，外甥女和外甥正在慢慢长大，我的父母在慢慢变老，总而言之，尽管家里的生活情况还是保持着在我们出发去上海之前的那样。但，和之前的生活是一样，已经很好了。

今天，我想拿起电话，然后打给我的朋友玛雅。我只是想跟她聊聊天。女孩之间的谈话，老朋友之间的谈话。她脸谱网上的主页做得很不错，但和听到她的声音是两回事。不过，现在是凌晨 4:30，她在那儿，我却不能够拨打她的号码。

并且，你知道吗，我想念我的妈妈。大概还在夏威夷的时候。我跟我的父母围着桌子坐在一起，却没怎么聊天，看着他们跟孩子们玩扑克牌，在玩牌期间，我埋怨我的爸爸买了太多雪糕给他们吃。

你永远不会知道第二天会发生什么事情。在 12 月 11 日那天，我认为我在盐矿区的工作已经做得很棒了，并且我正期盼着在夏威夷拥有一个美好的海滩度假。在 12 月 13 日，我不想起床。我只想我的爸爸妈妈拥抱着我，并告诉我所有事情都会过去的。今天，我想知道究竟还有多少时间我会跟我的父母，我的丈夫，我的孩子们在一起。他们说这并非对任何人的承诺，这当然是事实。

我记不起上一次的思乡愁是什么时候。无论是在夏令营，在大学，在洛杉矶还是在芝加哥甚至当我住在比利时的时候，我都没有想家。我认为自己没有花太多的时间去想家，没有想过这是哪里，这是什么，这对我意味着什么等问题。现代的技术是设计成“社交网络”的形式让人们相互联系，这反而令我更想家。很有讽刺意味吧？

我想我妈妈会称之为进步。也许花费了近46年的时间，但最终让我彻底地想家。她似乎认为我在离家出走。然而，多年来，在某种程度上说，她这样的认为也许是对的。如今，我感觉到一些无形之绳正拉着我回家。

我想我会回去继续代杰克在他的脸谱网的主页上写点什么。我只是不能长期把这些所有的问题“接续”。这样的话承担太多的义务了。

不要告诉孩子们妈妈的思乡之情。因为这就像所说的我准备要离开，但我还没准备好……

忐忑不安

2013年1月

上海

美国国家橄榄球联盟委员会宣布："纽约喷气机队要承受时间的压力。"

"On the clock" 这三个词打击着大多数全国橄榄球联盟的老板，教练和大多数球员的内心，当喷气机要承受时间的压力时，这些人的心情有恐惧又兴奋。每一个人都在想——兴奋的是因为可以得到第一选择权，而害怕是否会再一次地把这件事情搞砸……我感觉更喜欢纽约喷气机队。我也同样忐忑不安。

所有那些年轻的，面带稚气的男孩子们富有惊人的状态和大块的胸肌。四分卫们特别地令人难以抗拒。长得真的很帅，六块腹肌。但是，当要寻求保护的时候，进攻前锋可以如此的吸引人们的眼球。另外，中后卫球员的速度、敏捷和力气同样是诱人的。这些选择是如此的困难。

结果完全取决于选择权。这个特权处于模棱两可的状态中。粉丝们、分析员、专家和拥有者都在观看着。必须要做出正确的选择。或者我可以对选择权进行交易，在接下来的比赛中，在草案中将任务下移，就能够得到两个或者也许三个选择权？我的大脑和心灵遭到严重损坏。

在作战指挥室，策略会议已经结束了，甜甜圈已被吃光，并且咖啡溢出到球员数据统计表上。所有人等的仍然是一个决定。这个房间一片安静。钟声即将敲响，然而这个决定比起他们第一次叫到我们名字的时候，并没有更加清晰。纽约喷气机队在承受着时间的压力……

我们不是纽约喷气机队。我们也不是新英格兰爱国者队。但是我们都一样，心情忐忑不安，在承受着时间的压力。专员正在倒计时。拥有者们权衡考虑他们的选择。教练们不喜欢会议上讨论的选择权，并且在想着来一场大胆的行动，以致于可以完全改变比赛的规则。我们正在做一场交易。

纽约喷气机队——又称为“five for Chinese”——以他们在2013年的选秀运作……呃，还没有人知道。粉丝们都惊呆了。拥有者们暗地里高兴着。专员和律师们一起对规则条例进行审查，还有教练们，如果他们不是被吓得要死就是被吓得眩晕。

欢迎来到新赛季！这也许是新的一年，最美好的新鲜事了。

忘记耶稣，你会做什么

2013 年 1 月

上海

在内心的痛苦中挣扎了几天，现在我是时候要终止了。今天晚上，我要努力去实现心里头想做的事情，那就是接触一位有学问、有修养、优秀并让我感到可尊敬的女士。在数杯马丁尼酒后，她告诉我关于她和丈夫玩的一个游戏（放弃那些庸俗的想法吧）——如果金钱和健康都不是问题的话，那么你会去做什么，你会去哪里，你会怎么生活？

随后她问我，“如果金钱不是问题的话，你会做什么？”

在你喝过几杯马丁尼酒后，会比你想象中更容易去诚实地回答问题。在我的苹果手机上，我做了一张清单。这并不是一张有关东西或者罗列成就的清单。这是一张关于我想做的事情的清单——不，是我需要做——让我感到满足愉悦的事情。金钱并不在我考虑的范围之内。因为，在某种程度上，我储存着金钱，当作训练用的经费。事实上，我需要履行作为一位母亲的责任。这涉及到如何去创造一个完美的环境让孩子们健康快乐地成长。这好比，如果我正在制造出配方，那么我需要选择什么样的成份呢？

然而，这只是第一步。我靠着一张检查表，去衡量我做的事情是否让自己开心。或者，至少，在喝完几杯马丁尼酒并且进行一些探讨后，我那些种种的想法会让我开心，处在最高级别的妇女们甚至仍然“很少”使用任何测量用具并利用现状去估算她们的潜能、表现或者能力。令别人大吃一惊的是，在某些方面，我已用我的眼泪证实过了。但是，过后，我并没有真正地感到惊讶。承认问题的存在也可能成为第一步的一部分。

我从那些带头说着我只想我可以去旅行的人身上获得了灵感。我不相信你能够得到所有的东西。我从来都没有真正相信那是真实的，它是不符合逻辑的。如果我拥有了所有的东西，那么你有什么呢？

失望和沮丧在过去的这几个月里伴随着我，咬住了我的痛处并且削弱了我的自信心。我想，只是一个过程。悲伤、醒悟、失望和愤怒，需要时间去真正领悟这些情感，努力克服它们，希望去击败它们，或者用足够长的时间去击退它们，按照你的方式跨过这道门槛，来面对更好的生活。

我的家人和最知心的朋友们都给我了我奢侈的空间和时间，让我坚持走完这一过程。但是，在某种程度上，是时候继续新的人生了。我握着手头上的清单，正准备向前发展。我希望去发现我自己。是什么？那就是我自己。

我想告诉你们一个故事

2013 年 1 月

上海

她是一位快乐而且懂得知足的孩子。她常常开怀大笑。她常常玩耍。她爱她的家人，并且他们也爱她。然后，当她 16 岁的时候，一切都改变了。在一夜之间改变了。她说不出在另外的 30 年间到底会发生什么事情。但是，那天晚上让她感觉到是生命中余下的时光。

当她 18 岁的时候，这位姑娘奔溃了。她不知道其真正的原因，而且她几乎完全忘掉这些事了。当时的她很瘦。也许就只有 90 磅吧。她很困惑。她迷失了自己。她的父母带她回家，并且试图救好她的病。然而，他们并没有救好这位如今的小姑娘，这位或许以后会成为女人的姑娘？那位女孩已经离去了。忘记她吧。丢弃她吧。但是，她仍然在这位女孩的脑海的某个角落里躲着。

在她 21 岁的那年，她遇到一位男人。他是善良和温柔的。他爱着她。他莫名其妙地知道她有过秘密。深沉的、令人受伤的、说不出口的和令人厌恶的秘密。他从来都不会问她。他等着。他是多么的有耐心，同样也拯救了她的生命。他不断鼓励她向前发展。

当这位女孩 30 岁的那一年，她跟这位男人有了一个孩子。他们很开心。

当她已经 31 岁的时候，他们买了房子，还有一只狗狗。这位女孩妥协让步，辞去她的工作来当一位更称职的母亲。因此她不断地告诉自己。他们仍然生活得很开心。

在 35 岁那一年，她生下了他们第二个孩子，并在 36 岁那年，他们第三个孩子也出生了。她爱着她的孩子们。她依然爱着这位男人。她不确定她爱着自己还是这是小狗狗。内心的黑暗爬进了狭小的空间，并试图打开她的秘密，连同在 20 年前那位被抛弃小女孩一起等待着。

当女孩已经到了 38 岁的时候，她击退了身体里的外来物的入侵，恢复了健康。有些人称她为幸存者，但是她从不喜欢那样的术语。反而，她会买一件鲜艳的粉红色雨衣来庆祝她的胜利。然而，内心的黑暗依然在增长。怨恨的情绪如今已经爬到床上，把她和这位男人的空间给覆盖了。她必须时刻提醒自己是爱着这位男人的。她必须时刻提醒自己要继续生活。她不爱她自己。因为有太多的变数而无法去期待。

当女孩到了 40 岁的时候，这个男人为了她辞去了工作。他怀着怨恨的情绪坐在餐桌旁，幸灾乐祸地注视着我们。这位女孩工作着，努力去攀爬事业的阶梯。她接了每一项的任务，每一个小时或更长时间都用在工作上。这位女孩从不提升，只是超越。这位男人已经提醒过她。但她不听。

这位女孩的大女儿转眼间就 10 岁了。她感觉这些年来实在不容易，挣扎着去入睡，并且开始看到那位很年轻的小女孩躲在她脑海中的角落里。但她从来都不会说出去，因为她知道别人会说她是个疯子。小女孩不是真的在那里。她只是一个虚构的人，一个魔鬼，一种预感。

当这位女孩到 44 岁的那一年，她们举家迁往中国。

她相信这项任务是她在工作上所有付出的回报。她是开心的，也是孤独的。她爱她的孩子们。她爱着这位男人，尽管似乎很难去记住，甚至更难去给他一个用爱来回报他的理由。当你麻木的时候，就很难去爱。后来，他们有了一只新的宠物狗。

这位女孩的大女儿长到了 14 岁的时候，黑暗开始蔓延。这位女孩再也睡不好觉，并且她经常吃不下东西。她工作着。越来越努力，时间越来越长。这位女孩避开她的大女儿，并未察觉事情悄悄地发生了变化。她女儿感觉到她的妈妈对她的排斥。黑暗看准了机会并逮住了。

在冬天的时候，这位女孩去了美国旅游。天气寒冷。当她离开的时候，这位男人吻了她，并告诉她所有的事情都会好起来的，但她知道并不是真的。从来没有真过。至少，几乎近 30 年来都没有真实过。她感觉得到但没有说出口。她只能说很冷，却感觉不到。这位女孩是如此的安静以致于慢慢地开始烦闷。

当这位女孩在美国的时候，她哭了。这位男人一直都是对的。长时间努力的工作不会产生收益。不适合女孩子。他们不想要女孩做这份工作。她会像之前那样，以同样的方式被别人抛弃。她是知道的。她是感觉得到的。在她心灵深处的烦闷继续着，不断地增加，并且有变成熊熊大火的危险。

这位女孩去拜访了她的父母。她让她的爸爸抱住她。她妈妈轻抚着她的头发。他们谈论着理想、力量和权力。她的爸爸告诉她要继续向前行，还要相信自己。他告诉她，她是一位聪明并且有才能的女孩。这位女孩回到中国后，相信自己是一个失败者。

这位男人在机场遇到女孩，然后紧紧地抱住她，她哭了。那天晚上，怨恨情绪没有出现在他们的床上。悲伤和同情占据了一席之地。这位女孩感觉到安全，但不自信。她现在经常哭在这位男人的怀抱里。这位男人抱着她，吻着她，并告诉她，他是爱着她的。这位女孩感觉到自己很卑微，但心怀感激。

当她到了 45 岁的时候，愤怒的情绪控制着她。更糟糕的是，黑暗控制着她的大女儿。这位女孩知道这件事，她有一定的责任。这是秘密，尽管这位女孩还不知道。

在恐惧和愤怒下，这位女孩工作越来越努力，时间越来越长。她避开她的女儿，然后她的儿子，再然后她的小女儿。拥有幸福似乎是不可能的。

这位女孩迷失了。这位男人很担心她。他们的孩子都很迷惑。时钟的敲打声在她的脑海里变得更大声。

愤怒代替了怨恨进入了女孩和男人的床上。这种激情是强烈的并且令人陶醉的，但是，愤怒的激情和爱的激情是不一样的。这位女孩正在寻找着。她爱这位男人，她是知道的，但她经常表现出似乎很讨厌他的行为出来。在床上，讨厌和喜欢一起迸发，黑暗和秘密一起密谋着。

在这位女孩 45 岁和 16 岁这两个时间段里。这位男人比 16 岁时更加爱她。他不会让她抛弃自己。因此男人带着她去看医生。

这位医生迫使她接受帮助，不仅仅为了她自己，还有为了她的大女儿。这位女孩正在伤害着她，尽管她没有想过这样做或者甚至没有意识她做过这样的事。这位女孩爱着她的孩子们。她女儿随着年龄的增长，越来越接近 16 岁。正如她所做的，秘密开始变得更强大，并且在黑暗和秘密中组织一个联盟。

黑暗从这狭小的空间脱离出来，然后控制着女孩和她的女儿。在她脑海中的小孩躲在角落里讥笑她。疯了，疯狂地愤怒，疯狂地恐惧。疯了，令人发狂的悲伤、失望和遗憾。

这位男人坐在候诊室。女孩慢慢地信任了这位医生。

随后，男人带女孩去吃午餐。他们喝了啤酒然后手牵着手。终于，女孩对男人坦白了她的秘密。这位男人哭了。慢慢地，女孩潜意识里的这位躲在角落的孩子连同黑暗和秘密一起隐退了。并非完全消失，但是被关了起来去保护这位女孩和她的女儿。

这年女孩已经 46 岁了。她的大女儿再一次得到了快乐。尽管她做了他们叫她不要做的事情，但是她只是一位女孩，因此她只能被迫躲在列队的末尾。这位男人让她哭泣，但持续不久。

虽然对这个男孩俱乐部挺失望的，但这位女孩还是堕入了爱河。那让她很愉快。她的幸福让这位男人开心，并且他们的幸福让他们的孩子愉悦。

这位男人拯救了这位女孩。再一次地，怨恨的情绪，愤怒的情绪和秘密不再住在他们的床上。热情、爱情和宽恕代替了它们的位置，占满了他们的床、他们的生活并推动他们向前发展。

女孩，男人和他们的孩子们一路上都在坚持地挺了过去，并且变得更强大、更好、更牢固和更亲密了。中国之旅，是她平生有过最伟大，最艰辛的一次经历。这位女孩甚至学会喜欢狗狗，真是太好了。

绝望和愤怒的杂想

2013年2月

上海

坐在飞机上时，我就开始默想着飞机降落的最好的结局会是什么？我知道，非常黑暗。今晚我发现我乘坐的这辆中国航空的航班几乎空无一人——这种情况在中国是罕见的——正如我想的那样，想了又想，想了再想。我决定还是美美地睡上一觉吧。我闭上眼睛，也许会睡着一会，但我真的不确定。

当然，现在已经是凌晨1:20了，我还不能安稳地入睡。我在晚上10:30抵达，我一打开手机，铃声就响了。一通从南美洲打过来的电话，问我是否一切都安好。嗯，如果想着遭遇空难的场面，那么意思就是说你一切都安好，是的，我平安无恙，很好！走出了机场就看到迎接我的是我伟大的支持者们。并且，我们一回到家，我就跟他挑起争吵。做得好！

一位“老”朋友建议我把所有的事情都说出来，但我真的不能够告诉他们。孩子们还在，我不想谈论那些事情。没有人会死或者没有什么不幸的事情。一切都很好。事情总是好的，不管感觉是否这样，不管你是否相信——如果你有孩子，那么事情总是好的，并且总会没事的。实际上，情况也是如此。

当在20个月前，我来到了中国，我觉得可以不再孤单。但我错了。错得非常离谱。在某些方面说，来到中国是我的生命中令我最孤单的经历之一。在其他方面来说，我从来没有亲近过自己的丈夫，我们的孩子和我的家人。我不能调节在我头脑中的这些情绪，除了承认我的个人生活看起来似乎恢复了状态，步入正轨——尽管今晚的航班——和我的工作生活是一片混乱。

我知道我必须对我的过错负责。很难相信，我承认我本来可以更好地去处理一些事情。但是相反，我做了每个人都不能做到、也不会去做的事情。如今，我坐在外面思考着，却不明白究竟发生了什么事。虽然尽我所能地去尝试，我似乎没有处理好。该死，我甚至不能两次都得到相同的答案。

今天是艰难的。非常艰难。我拒绝给自己辩护了，因为没有什么好辩护的。我跟我的参谋（又称之为我的爸爸）已经结束讨论这件事，并没有什么好辩护的了。不过，在这种情况下，我必须让其他人来给我下定义，理清目前的情况和考虑下一步的行动。

有关亚太地区的领导层变动的交流会在今天举行。一封电子邮件发到全球团队里，建议组织结构进行变动，包括我遣返回美国的事宜。当然，我没有被告知这件事情有可能会落实。事实上，当事情传到我这儿的时候，我还在去往北京的飞机上。

抵达北京后，我第一时间直接回到办公室，中国管理的团队都在办公室里。我们和合作伙伴举行了日常的会议，一起讨论关于中国的规章标准对我们产业的影响的种种变化。尴尬不足以用来形容现场的气氛。令人感到吃惊的。随着我打开手提包，拿出我的手提电脑，一张张面孔吃惊地看着我。我笑了。没关系，我道歉："我原本打算预先告诉你们的。我很抱歉让你们看到了这样一个令人尴尬的过程。”

问题。这团队的人问的问题我是不能够回答的。或者，至少，此时此刻我认为我应该不回答。我不知道那封电子邮件上说的是什么——我仍然没看过。第二天早上和新上任的高级主管（“真正”领导团队的一位成员）开会，由她负责亚太地区的管理，不过考虑到每一个人可能会学到更多，她依然留在美国。

亚太地区团队的成员聚集在会议室里，认真地听我们新上任的高级主管发表讲话。我不能每个字都准确地复述出来，但大概的信息如下：

詹妮弗在亚太地区方面的业务工作做得非常出色，拉动整个团队齐心协力，为今后的发展奠定扎实的基础，可是随后她要返回美国。继任者（用我自己的话）会在詹妮弗返回美国后开始接班。她拥有亚太区的业务经验，将会做更多的工作去帮助欧洲和北美洲地区向新的全球组织看齐。除了继任者和我自己（高级主管），现在亚太地区也得到了位于欧洲的全球管理者的支持……

在北京的会议室里，我在桌子旁边坐了下来，尝试着让自己保持冷静。我知道这样的事情迟早会发生，但在我印象中，实际上那份通告是在我被遣返回国前发表的，我们原本应该可以解决好这个问题的。但是，并没有。事实上，从那一刻起，我失业了，我被闲置了。

我中途插话了，感谢这个团队，我会全力支持新的领导人，并且感谢团队给予亚太地区大力的支持。我为自己找借口，因为这个团队可能会坦率地跟高级主管谈话，并且问任何一个问题。我几乎简单地向我的继任者点头示意，没有表现出我的内心的痛苦。最后我的声音几乎嘶哑了。

像这样的来自全球的谈话会一整天都在进行着。一位高级主管和美洲另一个负责欧洲地区的主管主持着召开电话会议。我只是参加亚太地区的电话会议。

在巴西的同行今晚打了电话给我。我一下飞机电话就真的响了。她告诉我关于美洲地区的电话会议的内容。他们听到的消息跟在亚太地区被告知的消息完全不同。在一个小时内，在美国的一位朋友出席了两场会议——

一场是美洲地区的，另一场是北美洲当地的经理会议——重放了来自更小的小组会议上被告知的另一个版本的内容。在那个版本中，我是无能，无法胜任工作的。并且，按照被告知的欧洲版本，我被要求返回家乡。这些消息没有一个是表现出事实——没有一个负责亚洲、欧洲、巴西或者美国地区的人反应给我听事实的真相。至少不是我坐的地方。我并不认可那些版本的消息。我感到很生气，我感到很受伤，我感到很失望。目前来说，我迷失了自己。

感觉被人孤立了。

当你不再在别人的描述中认可自己，你就失去了自我意思，你就失去了自己的观点。你相信自己是那种唠叨的人吗？要坚持自己的信念，并且想着是正确的，并非仅仅是困难的，这是让人感到孤单的，有时候会让人心碎的，对于我来说，尽管我尝试着高昂着头并且回到正轨，但总会感觉到一定程度上的羞辱。

我觉得第一步要先上楼去找我的丈夫……也许会有好运降临到我身上呢！

长裤子

2013年2月

上海

我不得不穿上我的长裤子，因为我的一位朋友友好地提醒着我。

每到星期一，我躺在床上依偎着丈夫，希望早晨的时间消失掉。但是，孩子们一定被吵醒了，我要去给他们做早餐，然后带他们赶巴士。然后，这位女人必须随后抓住长裤子，穿上高跟鞋，去盐矿区上班。我感到羞耻，但是我不得不继续呆在这个地方，并且还要面对这些令我难堪的人们。告诉别人，比起我的羞耻感，他们要对自己的行为感到无耻。我仍然高昂着头，微笑着，并假装一切都很好来面对这五位专门来中国居住的人。

除此之外我还能做什么？

事实上，对于发生的事情，我们的家人或者我的工作，我们得到关于这一切的信息太少了。我的工作是我最少关心的事情，尽管这是我近来感到巨大痛苦的来源。只能怪我自己。许多年来我都是用工作来束缚自己，而并没有创造真正有价值的生活，比如一些像——家庭、爱情、宽恕、个人的价值观和我自己等这样的观念。我还在改变这种形势的过程中，但这不会一夜之间发生的。尽管我是那种上了岁数的人。我还是坚定着我新年的决心——更明智地去投资我的时间。

什么让我半夜醒来，这仍然是个谜。是面对即将离别的场面？我感觉到对我爱的那些人和那些为我，为我的工作和盐矿区作出牺牲的人有很强烈的责任感。尽管还有一线希望。我们的孩子已经见过世面，我们也都见多识广，比大多数人有机会去外面看看更精彩的世界。我心怀感激。但是，也值得我拥有。

因此，就在这些复杂的情感大杂烩中，我度过了这些日子，我穿上我的长裤子和涂上唇膏来迎接这一天。这并不是意味着我不伤心。我还是在悲痛中。我已经失去了自己的身份，或者这就是我认为的身份吧。我再一次觉得，允许别人来评价我的价值观，并且还相信他们的评定，这都是我的错。我到底在想什么呢？

这种痛苦什么时候是个头？或许当我有了具体的信息、事实、数据、时间表和关于下一步的每个烦人的细节，包括家人的照顾后吧。如果没有这样的信息，我就不能完成这种悲痛的过程，并且盐矿区看起来对我的请求无动于衷，即使是一位绝望的母亲担心着她的孩子们。反而，带着每一则新的或者更新从母舰滴落下来的消息，就像瓶子里的最后一滴糖果酱，这种循环不断地重演着。

因此每到星期一，我都会穿上裤子，并且继续着我的人生，我们的生活。不过，我和另一半必须要对孩子们隐瞒着这个秘密。这个秘密是艰难的，消极的，并且同时会给你带来欢乐和悲伤。我们集中于欢乐，并努力减少悲伤。不过，我们还不能那么做。郁闷。

我一整天都穿着裤子，但在黑暗的夜晚独自流泪。我的情绪就像过山车那样来的很极端。幸运的是，这种极端的情绪似乎都集中在我身上。也许只有重大的损失才会让你的注意力集中起来，就像我集中注意力那样。

巨大的损失和恐惧。

我是以某种非常奇怪的方式，感激有这样一个机会去专注。我更多地意识到自己原本的面貌的核心，我的价值体系是什么，我想如何去投资时间等等——比过去有更多的机会了解自己。我雇佣了一位高管培训师帮助我，让我向困难挑战，迫使我去保持自己的专注力，并且不允许我回到至今别人还给我定义的那种生活模式去：一位工作狂的模式。

我也能够得到真正宽厚的肩膀来让我哭泣。毕竟，我是一位幸运的女孩。

27天

2013年2月

上海

不久前的一天，我看了那部叫《新娘靠边站》的电影。今天早上当我在醒来的时候，我意识到自己在中国的日子有可能只剩27天了。我仍然不能够确定我是否还有27天，47天还是10天的时间。对于盐矿区来说，我的这些生活中的细节他们并不重视。

但是，我的内心有点忐忑不安，需要去做一些选择，每天都有一连串的选择。今天早上，我们做出了另一个选择，我们告诉了孩子们。我们告诉他们我们知道的事情，那就是他们的妈妈已经在美国有了一份新的工作。他们要在中国完成这一学期的课程。他们的妈妈不确定她要什么时候离开，但这一次的离开不会超过几个星期（即使这样会让我们破产）。不过，这一切都是好的。这真的是个好消息。该回家了。

这是真的。在过去的两年，我们经历了一次伟大的冒险之旅。事实上，你几乎不能再计划出比这更美好的结局。让人惊叹的舞台剧作品《油脂》、在美国橄榄球超级联赛前的那个周六、和恩达姆孔苏一起进行橄榄球训练还有获得了几枚游泳金牌。这样为我们送行的方式也挺不错的。

我承认，如果我能够知道究竟我们的生活会发生什么事情就最好不过了。但是当这五个人的小家庭尝试去开辟自己的天地，你就不能够引起别人的注意。对于盐矿区来说，你只是一位带有一张身份验证号码的员工，恰好有三个孩子，一个高大的丈夫和一只狗狗而已。有什么了不起的？把一个家庭搬回美国有多难——噢，不，这是我的过错——当这个员工返回美国时，要离开家里人，会有多难呢？不过，说着说着，我离题了。

事实上，到最后，那都没有什么大不了。我们会应对它。真的，具有讽刺意味的是，我老板过去常常说道，做不可能的事，我之前已经尽力做得最好了。因此，并没什么大不了。我意思是这并非完全不可能做到。

我们的孩子是这个世界的公民，因为他们已经和其他国家公民一起生活过，一起玩耍过。比起之前他们没有经历过这些体验，如今他们的视野显得更开阔，知识更渊博，想法更有深度并且更为丰富多彩。不过依然还留有一阵阵的苦涩，这种苦涩很有可能还会埋藏在我心里一段时间。但我从来都不会连同孩子们一起去承受，从来不会。

此时此刻，你必须要做一些计划，不要让男人做计划。女人做得计划更周详，特别当考虑着她们的复仇计划的时候。用了两小时的时间，我把计划做好了。

无论你是否会在27天内离开你的岗位，无论这种踏脚石是否会摧毁或者拯救你，无论你是否会用四个月的时间跟这个世界上最爱你的那些人分开，你仍然是一位身穿裹身裙和脚踏高跟鞋的女人，那么你要做好每一位好女人都要做的事情：拿出你的信用卡，预订好去柬埔寨的旅行机票。这难道不是一个明显的解决问题的方法吗？

在非法定节假日旅行可以等到更多的乐趣，更难忘，并且远比节假日去旅游更令有吸引力。我的复仇计划是幸福的。

我变得快乐。我的复仇计划的第一步就是去庆祝。而且，最好的庆祝方式是天然的，意想不到的并且没有任何理由的。我们扮演着逃学旷工的角色。远离学校、逃离盐矿区和逃离城镇几天。我们会前往暹粒省、吴哥窑和巴戎寺。我们会坐上汽车，三轮小车，并且在游泳池旁品尝鸡尾酒，我们所在的这个地方叫 NAVATU 梦想度假村。

令这位女人藐视的是，她在旅游胜地度假，却带着“梦想”这个词。我知道这位女人正在享受着这样的假期。她和她梦中情人，还有三位小逃兵一起度假。她来度假是因为这不仅是她应得的，还是他们应得的，她不会让任何人或者任何事来破坏这么美好的时光。她的爸爸说得没错。这位女人是钢铁做的，并且她要挺直腰杆，不会低三下四，到最后，她会得到得“更多”至少是“相等”，但她不会再得到得“更少”。

27 天的时间——也许更多一些，又也许更少一些。在一天结束的时候——无论是 1 天，27 天还是 270,000 天——你真正拥有的是你的家人和一些真心的朋友。除了这是一次千载难逢的机会，如果不确定的话，还会让你有机会发现，谁是家人和谁是朋友。

龙年的尾巴

2013 年 2 月

上海

在中国这里，我们正过着龙年最后的几天。龙年的年底，在我最后的离别之前，我正喝着最后几杯啤酒。十分痛心。

有人曾经告诉过我，你独自来到这个世界上，你就要独自地离开。我不知道这句话是谁说的，什么时候说的或者为什么他们要这样说，但是我最近一直都在想着生命中有许多，许多，许多事情需要我独立地去完成。你必须独自地完成这些事情，无论其他人多么地爱你，或者他们多么地想帮助你。你必须独自地走一些路。

今天，杰克给我买了郁金香。这是我最喜欢的花。我现在记录着这篇文字的时候，它们就放在我的旁边。这是篇什么样的文章？我的午夜忏悔。我再一次无法入睡。

当我在他胸口哭泣的时候，他抱着我并告诉我一切都会好起来的。可是一时半刻是好不了的。在那之前，我必须独自去做一些事情。这些是我不想去做的事情。这些是我不确定我是否还有力气去做的事情。但是我必须要去做，而且还要独立完成。

我不知道这是否是具有讽刺意味的，还是仅仅是运气不好，不过这一切从我独自登上飞机开始，也会以同样的方式结束。我不知道具体是什么时候。盐矿区仍然在仔细考虑中——这就是我人生——没有理由去急于做任何的决定。事实上，我依然在等着他们的正式通知，这是一个好迹象。我一直都在尽量地拖着每一周，每一天，每一小时，每一分钟和每一秒。我不想登上那部飞机，不想离开杰克和孩子们，甚至一天也不想。我不确定我是否能够承受得住，但我必须这样做。我必须登上飞机，然后独自离去。

多年前当我还是一位刚履新的律师时，我有这样一个机会跟一组律师代表客户在伊利诺斯州的死囚牢里。

我不能想象这些人能够经受得住等待去得知他们是否会被刀刺杀。别人把你的生命掌控在手中，你自己不能够控制这个过程的任何一个方面，不能准确地知道最后一天是什么时候到来。这些人在本义上和象征意义上都是被孤立的——孤独的。接下这一个案件在我的印象中留下了不可磨灭的印记。这是强大的和羞辱的事情去结束或者去拯救一个生命。

除了很难想象在死囚牢里，比生命的最后一刻更孤独的时间外，我还不确定为什么那件事就发生在我身上。尽管，作为一位母亲，我已经感到了强烈的孤单，当我跟我的孩子们分离的时候。在他们存在的时候，我感到孤单，当他们不管是身体上的疼痛还是情绪上的痛苦，我都不能够帮他们解决，无论我多么爱他们，多么地想帮他们解决。一位母亲的爱能够给予及时的安慰，但不能够解决所有的事情。

我现在觉得很有充实感。跟这种孤独感完全不一样。我的周围都是爱我和关心我的人。我的家人和朋友在这像过山车那样起伏不定的过程中变现得非常好。在过去的几天里，我了解到在盐矿区里，我的团队的人在午餐的时候，喝了太多的酒，并且开始说出他们的想法。尽管没有抗议游行，他们还是表现出对我的支持，这是我万万没想到的。当然，我没有沉浸在这种文化里，没有在亚太地区。

在中国的新年，红包里装着钱，被作为礼物送给别人。在中国，这是重要的文化传统，并且这关系到盐矿产区的红利如何分配。当我给别人红包的时候，我收到了礼物，被别人拥抱，甚至让一位员工哭了。中国人是不喜欢拥抱的，他们觉得这样很‘尴尬’，最佳的做法是身体与身体之间保持距离。并不是拥抱他们。我知道这样应该会让我感觉更好，但莫名其妙地这让我感到更加孤独。

每天回到办公室都过得更加苦涩，当我回到美国后，会变得更加艰难。我知道这样，所以我正努力准备好自己的事情。我告诉自己只能够呆到 3 月 1 日了，然后我就会独自坐飞机。我告诉自己我将会有 4 到 5 个月要离开他和孩子们。我告诉自己我能够高昂着头走进大楼。

我告诉自己我是聪明的，优秀的并且重要的。我告诉自己我能够做好……独自地。

正如邦妮雷特在《一线光明》里唱的那样："神啊，帮帮我吧，神啊，帮帮我吧，我的情绪很低落。"当然，我不相信并且我不祈祷，因此，仁慈对我来说似乎是不可能的。

我们独自地来到这个世界上，并独自地体验生活。我们跟其他人分享着一些时刻和经验，建立关系，寻找爱情，乐趣，绝望和悲痛，但事实上我们是孤独的。在我们的头脑里和心灵里，我们是孤独的。没有人跟你一起。有些人也许会说上帝跟你一起，但我从来不相信或者我记得的任何一种方式。这就是你——孤独的。

我已经把我生活的空间给填满了，有一些有趣的人和经历，多半地，当他们围绕着我身旁，我就不会感到孤独。这是一个考验当你被提醒你很孤独，并且没有人能够穿着你的鞋子走路，只能靠你自己。我还被爱护着。我是知道的，我愿意。但是，我不得不登上飞机然后返回美国——几个月——回到一间空荡荡的房子，在那里我不是感觉到孤独，而是独自的。

盐矿区是恶意的、报复的并且没有同情心的，然后还会提出合法但不合理的要求。

因此在崭新到来的周五，凌晨1点——龙年的最后一天——我独自坐在放有郁金香的桌子旁，沉思着（无法停止，我无法入睡）。于是我走上楼，在我床上，这位男人绝望地尝试跟我黏在一起。他知道我再一次偷偷地溜出去，我很有可能坐在放有郁金香的桌子旁。但他也知道最好不打扰我，让我自己独处一会儿，以致于我能够准备将要面临的独处时光。

龙年即将落幕，我希望接下来的蛇会更加迷人，而不是咬着我的屁股不放。我会在上海这里和家人一起庆祝新年的来临。我们计划一个惊喜，会很有趣。我们正带着孩子们到外滩的香格里拉酒店度过除夕。孩子们喜欢这间酒店和客房服务！要是我的身边被我的三个小精灵和我一生的挚爱围绕着，我会很开心。这种开心潜伏在黑暗里和我心灵的深处。我知道这样的日子会来临的。

但是，周六晚上就是除夕，并且我不会坐在放有郁金香的桌子旁。我会观看烟花表演直到我再也忍不住，然后，幸运的话，我会和他一起放烟花。

被遗弃的人

2013 年 2 月

上海

在今天早上 8 点钟的时候，消息出来了。我被赏赐了在中国逗留 30 天的缓解期，并且在上海逗留到 4 月 1 日。当然，我会延长时间跟孩子们一起，在我们精挑细选的一间充满异域风情的地方，度过我们的复活节！如果他们再延长我的假期，那么会让我破产的。

我是一位模范公民，真的。我决定不去表达我的感激之情，但我会提供所需要的一切支持去使这个过程平稳有序地过渡，包括从熟练的专职人员转变成一位新人。我 30 天的期限让全民欢呼。啊，好开心！我自言自语道“乐意去完成这份工作要求做的任何事”，并想着“这个人是谁”。但是，我们要做的我们必须做的事情，当我们不得不去做。

下雪了。那些巴士走不了。孩子们在大雪纷飞的时间里度过。我在家呆着，因为我的办公大楼在震动着，尚未确定原因，所以暂时来说是“不安全”的。无法避免的事情发生了。他们听到我在电话里讲的话，并且如今他们也知道了关于最后期限的事情。妈妈离开了。我宁愿看到的是，当我们谈论这些事情的时候，孩子们没有在房间听到我们的每一句话并且注视着我的反应。

我想，还是面带微笑，假装成快乐的样子吧。“我们有额外的时间在一起，并且妈妈会在五月份的时候，把你们的表兄弟带回来。这样实在是太棒了。”再一次，“这个人是谁?”请某人把他在我脑海里射击下来吧。

我意识到我已经有一段时间远离了那些抗焦虑的药片，尽管我还是表现出完全地服用那些剂量，我知道，我需要去精神病专家的办公室。当然，我会拖着杰克，跟我一起去精神病科专家的办公室。我们停在摇晃的办公大楼前的路上，因此我可以准备些东西（这样下去的话似乎成为一个问题），然后我们又开始赶路。我感觉挺好的。我确实有感觉到。我刚被授予逗留在中国的缓执期。他们没有表现出任何的仁慈，却把我留了下来。我应该心存感激。我应该心存感激。

这个词“应该”似乎表明我其实是没有感恩之心的。感觉到有时高升有时候降下来，我告诉自己设法继续坚持下去，因为我们已经慢慢靠近精神病专家的办公室了。我们只迟到了5分钟的时间，但要花上多10分钟的时间去等待。此时此刻我在走廊里踱来踱去。反而杰克很冷静地坐在那里，用手机玩着‘弱智的字谜游戏’或者其他游戏。他很少注意到我，或许他想让我静下来思考。但是，我知道他看到我不安的情绪在增加。我不打算坐下来。我需要继续挪动自己的脚步，否则，我会爆炸的。

我终于听到有人念我的名字，我看到心理医生向我示意。我还徘徊在办公室外面的走廊上。杰克从沙发上爬起来，跟我一起走。我还没有问他。他已经知道了。他一直都很清楚。我们坐下来，安顿好，他搂着我。我坐在那儿，双臂合抱，紧握着手提包。心理医生就在我们的对面。

也许最多两分钟的时间，软木塞就离开了瓶子。我知道我应该心存感激。我知道我不应该在乎其他人的想法。我知道在我的生命中有更多的事情去做，而不是仅仅只有这份乏味的工作。我知道我比大多数人拥有得更多的东西。是的，我拥有我的健康。这些道理我都知道——我不是一个傻子。我几乎要对着这位善良的医生大声尖叫。

理智上来说，我很清楚这些事情，但在夜晚的时候，我尝试着把我的头放在枕头上，反而没有让我想到那些道理。而是让我想到有一个又深又黑暗的地方吓到了我。我很害怕闭上眼睛。这并不是这份乏味工作的原因造成的。而是关于那些我还没有清除掉的恶魔。在我被盐矿区发生的小冲突弄得心烦意乱的时候，我就会和那些恶魔做斗争。我再一次害怕这种黑暗。我不记得我上一次真正睡上美美的一觉是什么时候了。如今，我不能再躲避它，我是一具行尸走肉。

心理医生并没有停止，他说：“你知道吗，有一些人会觉得这是一种机遇。这会让你达到更美好的境界。

我的朋友是一位作家，并且正如他所说的没有糟糕的经历，就没有好的材料。”然后，他继续不停地说着诸如此类的道理。

最后，我终于忍不住了。“我明白每一个人都想让我继续前进。我明白这可能会因祸得福。我明白我有一个幸福的家庭。我明白其他人会比我把事情处理得更好，但他们不是我。并且，这不是我想要知道的问题。问题是关于我内心的感受是如何的。真的，我不想为我的感觉而道歉。”

心理医生也控制不住自己，说起来了：“但是你可以控制你的反应，控制你在情绪上的反应。”我尽最大努力把我所有的控制力集中在一起，提醒他说：“我每天用 14 到 16 小时控制着我的情绪反应。但是，当我在夜晚躺下来的时候，每一个人都会出来扰乱着我。”事实上，我一边说着，一遍敲打着沙发。杰克仍旧平静地坐在我身旁。有耐心的、有爱心的并且无偏见的。他把他的手放在我的肩膀上，给我按摩起来。

“你害怕什么呢……最让你害怕的是什么？”

毫不犹豫地，我看着他，然后看着心理医生说道：“被抛弃。”

在那一分钟时间里，心理医生沉默了。

“我是那位被别人丢弃的人。”

“那是相当刺耳的说法，你不觉得吗？”心理医生戳痛了我。

我笑了。“我就是废物、垃圾。人们把我丢弃了。我一直都害怕被抛弃。”

又是几分钟的沉默。然后我听到自己的声音变了：“人们利用我，然后将我抛弃。这就是我的经历。”就我认为，这已成为一个不争的事实了。我想，如果你想要实例，那么试试吧。然而，他没有。

谈话结束了。

杰克从来都不会抛弃我，我同样也忠诚于他。我曾经有试过将他推开。我也有测试过他，我曾经拥有可以想象的自我毁灭的倾向，但他拒绝我做下去。我知道这份工作狗屎都不如，我知道最重要的是什么。我只是还没从被抛弃的恐惧中走出来，特别当我再一次地被抛弃。

是的，这可能完全是我对自己的偏见，但这就是我的想法。这就是我近30年来的想法，即使有万灵药，都无法让这种想法消失。

因此，在这里，我坐在放有郁金香的桌子旁，自我上次在这里的时候还不到24小时。明天我们都不在家呆着，我觉得是一件好事。也许，没有了我，那些恶魔就会和郁金香整夜地作斗争。

我认为今天的重点就是释放内心的愤怒，并大声说出真正令我害怕的事情。我确定——像这样的整个体验——有一天我会回想起来并且会心怀感激之情。我知道我应该懂得感恩。尽管今天我没有感恩。因为今天使我害怕，使我丢脸，使我愤怒，并且使我非常，非常的疲倦。

尽管如此，明天又是崭新的一天!

纠结杂乱

2013 年 2 月

上海

我终于能够说这一年是蛇年，这样令我如释重负。我们的儿子，今年即将 12 岁了，他这一年是难得的吉祥的年份。如果我幸运的话，一些吉祥的事情也许会降临到我身上。

为了庆祝新年的到来，我们在上海一间令人叹为观止的酒店进行居家旅行，并且沿途欣赏着外滩美丽的夜景和被点亮的城市。在品尝完丰盛的晚餐过后，我们换上暖和舒适的衣服前往黄浦江去感受一下中国新年前夕，传统民间的习俗活动。我们很快就被一件奇怪的事情所吸引着。

当中国警方正忙于驱赶着卖孔明灯的小贩们离开，并且踩灭即将升上天空已经点燃的孔明灯时，我们拼命地找着一根火柴去点燃我们的孔明灯。有一队警察，三个人，停下来并微笑着对着拿火机出来的小贩说“新年快乐”，然后继续向前走着，注视着两个金头发白皮肤蓝眼睛的孩子和一位疯狂的母亲。在中国，没有人能够抵抗得了孔明灯令人愉悦的光芒——甚至连警察都无法抵抗。

我们的每一个孩子都有属于他们自己的孔明灯，然后我们增加第四个作为全家人的孔明灯。随着他们每个人都点燃起他们的孔明灯，你可以看到在他们的脑海里已经放飞了愿望，并且全神贯注地看着他们加热灯笼然后开始膨胀，并准备起飞。爸爸正在拍照，妈妈正在帮他们握住孔明灯直到孔明灯准备漂浮上去。真不可思议，真纯洁。

烟花，是上海滩的一大美景，黄埔江和我们的孩子们——一起在这个奇妙的国家里，今晚每个人都是开心的，寄有期望的，有希望的并且充满期待的。甚至我也是。

这几个星期以来，刺痛着我的那些复杂的情绪慢慢消失了。在我和孩子们一起紧紧抓住孔明灯的那一刻起，每一件事情变得很简单。在这个共享的时刻，他们的愿望是这个世界上最重要的愿望。把孔明灯放到地面上会决定着那些愿望是否有机会一起飞上天空。

去年我完全能够赶得上观看烟花表演，然而今年依旧，它们让我又惊又喜。但更能打动的我是那些美丽的，并且寄有希望的红色孔明灯照亮了黑暗的天空（虽然有雾）。

面对事实吧，当你正在这位高贵美丽的10岁小女孩的孔明灯下面点火，等着加热足够后漂浮上天，并且带着她最衷心的祝愿和心愿在这漆黑的晚上一起奔向天堂，正如烟花表演开始发号施令那样，你怎么可能会不期待呢？你怎么可能不四处看看，并感受下我们作为人类分享的所有的心愿，那就是祈祷着我们每一个人，或者我们所有人的生活变得更加美好呢？

在新年的前夕，随着我们开始让我们的孔明灯漂浮上天，我尝试着释放我那种失望的情绪，并且对于未来更充满着期待。经常都是进一步退两步，但是我希望我的步伐可能迈得更开阔，以便克服困难。这两年已经让我感到很神奇。今晚是我们在外滩上度过的一个神奇晚上。

我是幸运的。我是吉祥的。我会好起来的。事实上，我们的生活会比以前更好……我知道的。

第四部分：向前一步 & 继续前进

任务 1

2013 年 2 月

上海

我的高级主管教练分配给我的任务就是让我写一篇意识流文章——打个比方说——使用以下的主题写到这页的顶部：

“这毕竟是一个非常好的一年……并且如今我是很满意的，所以……”

你也许想知道为什么我有一位高级主管教练。我已经有了一位精神病专科医生，那么为什么我还需要一位高级主管教练呢？因为我需要一个团队。这个专门的小组的工作是为了提高我自己，至少，去使我相信我已经有所改善。是的，培养一个成年人确实需要劳师动众。至少，会培养出一个理智成年人。

是的，这毕竟是非常好的一年。我们庆祝了20年的婚姻，我们的孩子们游历了东南亚和欧洲，并且我意识到在那里的一些人谁是真正在乎你、关心你的，你完全被事实所压倒，完全因为事实而感到惊讶。

我有一些非常出色的朋友们。我有一个美好并且充满爱的家庭。我有一份工作。我也许会讨厌我目前的这份工作，虽然我确实讨厌。我是健康的。我的父母、公公婆婆和孩子们都相当的健康和快乐。甚至这只狗狗看起来也表现得挺好，尽管那天连续不断的烟花表演打扰着它。

我如今很开心没有辞掉这份工作，尽管当时我想撒手走人。让我感到欣慰的是，那部飞机没有坠毁，当时我想到的是如果这部飞机坠毁了，那么杰克就可以得到一笔可观的保险金，可以重新开始，无论生活还是工作都会更好，更开心。在我必须返回美国前，我也满足于我还有 30 天的时间可以跟我的家人一起。

我也是如此的开心所以我成了这位新上任接手我工作同事的向导，以致于我能够让他的适应期可以顺利并且让他感到容易上手。我的意思是，真的，如果有谁想要独自一人来中国旅游，要是在深夜中抵达，而且遇到一位不知道你是谁，或者只能说一点点英语的司机，而恰好你也只能说一点点的中文，那么几乎可以确定的是，去往你住处的途中会迷路。那么正好，找我吧。

我肯定能够预料到这些事。因为那也曾是我遭遇到的不适应期。地狱里没有这里所谓的“适应期”。那是不存在的。但我还是创世革新，做开路先锋。然而，我们不想这位新人在中国或者印度的适应期感到恐惧，不是吗？

我把那些不规范的事情使用监管的方法进行解说，并且将战略转化为一个过程，对那些不管经营不善的根本原因，而对认证项目处置不合理的事情，我承担起这方面的责任。责备不是我所关注的。每一个人都在学习。一个团队的领导带领并保护着更广阔的团队。我也是支持这一项劳动力计划——团队幕后的人去做这项工作。我做到了，并且我是多么愿意去把所有的工作转交给一些傻蛋，他们会得到更多的尊重、支持、金钱、股份和其他奖励。

如今，我也是如此愿意返回美国。已走到了尽头，具有欺骗性质的工作每天都提醒着我，我比曾经合作过的那些该死的家伙获得更少，或者曾经为了盐矿区付出的我得到了更少的回报。同样地我也乐意去了解要是我去了礼仪学校或者成为妇女联谊会的一员，我也许会有更好的发财机会。勇敢的、聪明的并且直率的性格在我们的男人堆里是很重要的，但这些是不属于我们女人的。在行政楼层里，我们想要咱们女同胞们表现得像这些男孩们的妻子，但那不是我。

如今，我是如此乐意去认识和了解我在这个世界上的地位，被压在这该死的岩石底下。

是的，毕竟这是一个非常好的一年。我已经发现了抗焦虑的药片、左洛复、波旁威士忌酒、纯麦芽苏格兰威士忌酒、精神专科医生、高级主管教练，并且花了数千美元去努力让自己成为盐矿产区希望我成为的“领导者”——一直都舍弃着卑微的我，我的信念，我的价值观，和我自己，散落在亚太地区，非洲地区，欧洲和美国。

如今，我是如此的开心终于可以坦白地说出我对自己的感觉是多么的可怕。我曾经遭受的这些痛苦是多么的愤怒，而且我还允许自己被别人再一次利用。是的，我现在是满足的。非常，非常满足。

有几天我只能够勉强地起床。我真的很讨厌自己醒悟过来。我想，我可能希望去发泄我的情感。但是，事实上，我只想放松自己，远离过山车般的情绪，好好呆在岩石下面躲起来。

然而，我很高兴地得知，无论以后遭遇到任何困难，我都不会放弃。我不知道我将要去哪儿或者我将如何到达那儿，但我只需要完成我所做的。因此我会再一次完成它。我会集中精力专注于完成它并且随后会让自己在工作中感觉更好。有太多的事情不能够马上解决掉。

这毕竟是一个非常好的一年，因为尽管所有这些黑暗势力、磨难和欺骗都来造访过，但是我的丈夫不仅仅支持着我，还帮助我并且尽他所能地把被伤得支离破碎的我合并起来。我们的孩子们彼此间更亲密了，他们跟我也一样亲近。我们这个家庭遭受到了磨难的考验。由于在这过去的一年里，我们都比以前更加了解我们自己。我还如此愿意地去努力寻找可以继续保留那些好的事情和摆脱糟糕的事情的一些方法，以致于我、我们、我们所有人都可以一起快乐地继续前行。

这是一个非常美好的生活——反正，在大多数时间里是。

任务 2 之一年后

2013 年 2 月

上海

如今，一直以来，大家都叫我向前看……噢，开心。如果我把自己的精力专注进去的话，那么这项新的任务就是让我想象一下也许会发生什么，并且有可能会发生什么。因此，让我们来玩个虚拟的游戏吧。

“毕竟 2013 年是非常好的一年，既然已经到了 2014 年，那么令我高兴的是……”

在 2013 年，我重塑自己成为我曾经相信我可以成为的人。在 2011 年的时候，我开始写博客，并在 2013 年的时候我决定要记录下我最真实的感受。这些感受是与他人的观点产生的共鸣，之前我是不知道的。我写了这本书。（你正在阅读的这本）

事实上，在 2012 年的时候，我的精神病专科医生告诉我，没有糟糕的经历，就不能获得好的材料。嗯，也许你只有经过痛苦才能够理解并且表达出自己喜悦。难道这一切的经历真的意味着告诉给我们一些道理吗？我不晓得。如果是这样的话，那么我认为自己是一位学习迟缓的差生。

毕竟 2013 年是非常好的一年。我征服了它。我离开了一些人，一些地方和一些让我没有意义的事情。在写作上我感觉到幸福，把自己投身于真正关心的一些事业上，像妇女的权利和结束对全球各地的女性使用暴力行为的问题上，并且成为了同样关心这些问题的团体中的一员。我跟丈夫周游世界，有时候会带着孩子们去更好地认识，并且记录下这些存在的问题。我的作品出现在我的博客里，出现在杂志文章里，并且偶然地，我还会围绕着这些问题出现在台上进行演讲。

这并不容易，这让人提心吊胆。如果离开了企业界的安全保障和盐矿区稳定的收入是十分可怕的，但是，最终，盐矿区还是一直在毁灭着我。如果发觉自己服用越来越多抗焦虑药片，并且数着药片的数量来确保你不会过度服用，那么你的生活过得并不顺利。我的生活不再为我而工作。

盐矿产区提供的收入是一份很不错的收入，但是这把我撕成了碎片。我成为了别人的一部分，我只是不想参与他们制定的游戏，我不想再成为其他人的受气包。然而，要摆脱这种困境是需要一股勇气，我不确定我内心是否有这股冲动。

在我的家人和我的朋友的帮助下，我找到了那份勇气。我花了两年时间去写博客，是关于我们在中国的探险之旅。把我在中国的个人成长和发现写进博客里。并且，这十年来音信全无的一些人开始联系我，并说我的博客对他们很重要，在某些方面令他们很感动，鼓励着他们，或者给他们带来信念，让他们笑着度过每一天。听着他们一遍又一遍地鼓励我写一本书，两位热心的朋友联系到我。第一位朋友主动帮助我去任编辑一职。第二位朋友是一位才华横溢的编剧。我找到了勇气去寻求他们的帮助。

如今已是2014年了，我是如此高兴的是，我发现自己存在于一个地方，这个地方让我更有能力地去控制着我自己的生活。对于我所做的事情我产生了一种自豪感。我感觉到我正在以一种小小的方式把事情生活变得不一样。如今我感觉到我做的这种斗争是有意义的。我也一样是有意义的。

在这一年里，我脑海中想象的事情能够成为一种现实的可能吗？我不知道。但是，我确实每一天都思考过这个问题，并且我还有 365 天来让它实现。也许精神专科医生说得对（你是知道的，我不想承认）——只有糟糕的经历，才能获得好的材料。

任务 3 之处在十字路口

2013 年 2 月

上海

我认为这已经进入了名叫“任务”的一系列文章中。我的高管教练给了我一个任务——可以说，这是一个使命。但我决定接受。

首先，我必须回顾一下 2012 年，并且完成接下来的填空题：“确实，这是一个好年……如今，我很高兴……”是的，这样的开头看起来似乎是具有讽刺性和胡言乱语的，但我是认真严肃地去完成这项任务的。结果是蕴积了相当大的怒气和努力去找到一线希望的复杂混合体。是的，我知道。这真可悲！

除了对 2014 年的展望和我对 2013 年的回顾之外，第二项任务和第一项任务一样。我处理这些任务的时候，想象着我能够做什么，如果我不害怕的话。我可以记录下来。我会努力去发表我写的东西。比起现在，我会尝试更多。

嗯，如今有另外一项任务，既然我们已经走远了，为什么不走得更远一点呢？因此，这是第三个系列的“任务”篇。事实是记录下我最佳的想法和观点，或者是如何将一切杂乱无用的事情从我脑海里清除掉。我真的不知道该怎么做。但是，这比炸薯条拥有更少的卡路里，因此我们开始吧。以下的问题都是来自我的高管教练——我几乎感觉自己是位运动员！

1. 在你阅读的时候，每一项任务会唤起你什么样的看法呢？那些任务告诉你什么道理呢？

回顾2012年，我的观点就是“什么玩意？”说真的，我的观点就是“什么玩意吗？”这种说法是伴随着愤怒、害怕，泄气和失去自信的时候发生的。当初我来到中国的时候，我有着非常高的期望，无论对我自己还是对我的家人。然而他们并没有意识到。我迫使自己去寻找那一线的光明，理智上说我知道那些光明在哪儿，我却感觉不到。这并不是说我没有欢乐和幸福的时刻。然而如果你要问我“2012 年过得如何?”这让我想起我亲爱的女王伊丽莎白和她的经典名言“可怕的一年。”

回顾2013 年，我是留恋的。2013 年让我反思如今我希望去成为怎样一个人，而不是我是怎样的一个人。我的观点是“妄想”的——成为一名作家。这就是我想成为的人，这可能是我一直都想成为的，但从来都没有勇气成为的那种人。尽管如此，我的看法和观点仍然是载着更多的希望。希望我能够凭借我自己的能力去实现它，完全跳出那些框框并且重获自由。但是，伴随着我的还有怀疑、犹豫并徘徊着。

每项任务告诉我什么道理呢？不确定。但是，无疑地，它会告诉我一些道理。这两年呈现出两极极端的对立变现——难道它要暗示我，我是两极主义者吗？我想它会告诉我，但现在这个时刻，我能够看得到的仅仅是极端。我能够感觉到的也只有极端。在此时此刻，中间立场不在我的管辖区之内……然而，它也是现实的。非常现实。我不想继续重蹈覆辙。我想做一些让我感到有价值的事情。

2. 你选择了专注你自己的想法在某个地方或者某件事上，它如何改变了你？

这个问题明显的答案看起来似乎转变了你的态度、你的看法——在转变你的态度和看法的情况下，你要给自己机会去改变。

当我着眼于未来而不是过去的时候，我是恐惧的。当我着眼于过去而不是未来的时候，我是愤怒的。我宁愿恐惧而不愤怒，因为恐惧意味着我有机会变得更有勇气。愤怒意味着我被困在复杂的情绪里。我还是希望自己变得有勇气。

勇敢地去面对我害怕的事情，有可能完全改变我自己和我的生活。或者，它让我有机会去改变自己，或是仅仅做好自己。

3. 正如你回想着那些“糟糕”的经历，如果你问“为什么？“和“为何是我”会怎么样呢？

你会感觉自己似乎从受害者到守护者一路醒悟过来。

问“为什么”这个问题让你可以摆脱控制。换而言之，这是要发生的，因为在某些方面，我需要成长，它打开了一扇门，就不会打开其他的，让我有机会去克服，去学习，去分享。

问“为何是我”这个问题，请允许我沉溺一会儿。我最近已经有过非常多次的沉溺，尽管我已经有过自我反省并且试图去思考着“下一步是什么”的决心。

4. 我们判断我们的经历是在我们如何描述它的基础上。通常我们完全没有意识到它形成的过程。因此我们没有看到的是，我们在做一个决定时，我们如何为我们定义着那个经历去做决定。这能够与你产生共鸣吗？如果能，为你创造了一些什么样的意见呢？

我明白我们如何去描述事物经常会影响我们的决定。我曾是一位出庭辩护的律师，因此我有过一些实践经验去用我的专业能力去描述事情。然而，在我的个人生活中，是不一样的。我意识到我自己是倾向于用消极的方式去看待事物——我想起在极地快车的背面的那个小男孩说过“圣诞节对于我来说是毫无意义的”。我明白了其中的道理。

如果我能够有意识地去专注选择用更建设性的话语

去描述过去一年的经历，那么我能够从那些经历上学到东西，以克服过的一些困难为例子，不只是在那些困难中存活下来，而且还让我找到无限的动力，尽管遭遇到这些困难，却比我预料中克服了更多的障碍。确实，我成功了。

5. 你真的认为自己是一位学习迟缓者？或者在你生命中的有些区域是你没有尽可能多地去关注呢？如果这样的话，要是你选择对那些领域给予更多的关注，可能会发生什么事情呢？

我确实认为我自己是一位学习迟缓者。或许，我认为自己是学习迟缓者的原因，是因为我觉得自己被别人利用了，他们为了自己的利益而利用我、利用我的技术和我的能力。受骗一次，他人可耻。受骗两次，自己该死。

在我生命中有那么一些领域是我多年来没有关注和涉及到的。我自己的内心里常住着一些恶魔，我应该在多年以前就要处理掉它们。如今我正在清理它们。我忽略了自我价值的体现——忽略了其实质。无论对于那些我应得奖金的追求上，还是自己内在思想的转变上，我什么都没做。其他同事经常性地要求得到那些奖金，随后就能够得到。我从来没有要求过，我从来没有想过。

如果我注意到那些被忽略的领域，我会改善我对生活的态度，如果不是财政状况的影响下。我不是那类想成为百万富翁的人。而我是那些想让她的家人过上舒适生活并有时间跟他们生活在一起的人。如果我把关注力更多地放在这些领域上，我也许能够获得幸福。

6. 为了把更多的关注力放到那些区域上，你需要作出什么改变呢（当你回到这一个问题的时候，注意你的描述。我们趋向于描述我们自己建造的画面。）

不要为了别人对自己的评价，而去定义自己。我认为这就是我重复着相同的生活模式的原因——一直都忠心耿耿地工作，还协助其他人来推动我的工作。我这样做是因为我想让他们重视我，因为如果他们不重视我，那么我是没有价值的。

不要生气，放松点。顺其自然吧。

7. 我看到你在回顾 2013 年版本的中描述你的看法，

从而作为“二选一”的方案。要么你继续发展你的事业，要么你辞职，专注于实现并达成你的愿望。真的有必要去“二选一”吗？有没有“两个同时进行”的方案呢？

极端主义。此时此刻，我是出于极端主义的状态。无可否认。

有没有中间立场？有，但发现这比我想象中更困难。

我相信在这过程中，我发展我的“事业”的同时，可以一同实现我的愿望。

但我不会那样做的。我不是那种善良或者宽容大度的人。

现在该怎么办

2013 年 3 月

柬埔寨，暹粒市

3 月 1 日这天简直就是高效率的，我在中国“完成”了我的任务，比我预想中还要早 14 个月。我认为我简直是太有能力了。不过，我仍然觉得还有很多事情 没有做。还有很多事情等着我去做。我想做更多的事情。

我们享有到许多美丽的发展中国家旅游的权利。这些国家的奇事不像我在其他地方见过的一样。如今我们的孩子们已经在短时间内已经见多识广，足迹遍及全世界，这在我们的预料之外，我们本以为他们会用整个一生的时间去旅游。在这些国家里，无论是场所还是当地的人们，都是非常出色。

我发现自己不想离开这个世界的任何一部分。至少，现在还没有。我感觉在这里发生了转变，并且我想去证实这个改变，甚至，有时候，会利用它。这些国家和他们的人民从历史悠久的传统文化进入到21世纪。但并不是每一个人都已经准备好这种转变，并不是每一个人都会完成这一大飞跃，并不是每一个人都会有意地做出改变。

我有点想参与到这个领域上来。我想见证这个变化，并想参与其中。我没有夸张地去妄想什么。然而，我有脸谱网。而且，盖茨基金会，克林顿基金会，非政府组织的机构像生命之声，妇女利益保障协会，对于这些我是印象深刻的，还有其他很多人从事这些工作，或许是为了让世界变得更美好吧。

我一直都很幸运。但我并不富有。我几乎没有一个储蓄账户。我们选择给我们的孩子去展示这个世界，仅仅花了一些钱而已。还有积蓄供他们上大学。正如我爸爸所说，该发生的事总会以某种方式到来。有时候我担心没有指定的大学基金，但我有一间房子，可以卖掉，如果它还值钱的话。比起在这个地球上的大多数人，我们仍然享有更多的特权。

现在该怎么办呢？对于我来说，大概会给予、捐赠，做一些比别人对我做过的更伟大的事情。无意中可以给自己一些的机会。更准确地来说，这是我正培植出来的一个珍贵的想法，但是这个机会是以培植一棵树那样的相同的方式而开始的——从一颗橡子、一粒种子、一个珍贵的想法开始。我之前已经给自己创造这样的机会，并且我希望如今自己可以再一次去做这些事情。

我担心接下来的几个星期，会被叫去用一个月的时间教会某人去做你的工作，这令我感到很奇怪。在某种程度上，这是别人从你那里夺取过来的一份工作，当一切事情都尘埃落定的时候。然而，这就是我被要求去完成的事情，因此我会完成，并且要完成得很好。我会坐飞机前往澳大利亚、泰国、菲律宾然后才到美国。然后呢？

老实说，我还不清楚。跟我预期的也许不一样吧，甚至此时此刻我还充满期盼。但最终，我还是会到达我要去的地方。我不想离开我在中国的家，然后返回我在美国的家里。家是我心灵的港湾，这是可以让我们的孩子们放松自己的一个暖窝。接下来我会乘坐的其中一架航班载我回到美国的家，并且离开在中国的家远远的，但最终我们会一起回来的。

如果好运气好的话，“现在要怎么办呢?”这个问题，我可能会回答得上的。

选择和权利

2013 年 3 月

澳大利亚，墨尔本

我在我的澳大利亚团队中，或者我应该说，是我之前的团队。我的目的就是要介绍新的领队，并且宣布退出这个舞台。下午稍晚的时候，我门前的小路都被踩得磨损了，我简直不知所措。我从来没有期望过任何人花时间去寻找坐在墨尔本的复合办公室里迷茫着的我，但他们的确有去做。这需要付出努力，不然你就不会偶然发现我的存在。

在某种程度上，我开始思考着关于那些专门过来向我道谢的人们。感谢我什么呢？事实上，我反而感到很庆幸。过去的两年是令人惊叹的，并且毋庸置疑的是，我疼爱的那些人们的生活发生了变化。

对这次游戏的结束，我并不是突然地持有否定的态度。我已经被恶劣地对待，被利用然后被搁置不管。然而，要代替我的话，他们需要三个人，并且在结构体制方面彻底地改变了，这都说明或者将会说明他们比我做的还要多。

然而，最出人意料的是，那些联系我的人邀请我一起去喝咖啡、吃晚餐、喝饮料或者只需几分钟的时间跟我共处。一些是在中国工作的澳洲人，并且他们已经回国了。其他人都是工作上的合作伙伴，他们来自其他的组织机构，想跟我道别、谈话或者分享经历。

最令我兴奋的是计划着共进晚餐，但不包含那位即将代替我职位的新同事（尽管我确实要用一个晚上带他去吃晚餐）。每晚与新来的同事一起共进晚餐，此时此刻在这个过程中，我感觉自己有点应付不来。借着一个理由去逃避晚餐正是我所需要的。并且，这并不是我做期望的。

我并不孤单。实际上，我只是俱乐部中的一员，这种俱乐部悲哀地存在于盐矿区。我听着其他人说——所有的妇女——告诉我之前在她们身上发生的事，或者最近在她们身上发生的事情。我立即同情起她们来。所有人都要经受这种悲痛的过程中的某个阶段。她们所有人也想知道怎样去应对“这种情况。”

我惊讶地得知在澳大利亚，原来有如此多的人知道我的情况，并且听到各路谣言说这种情况被我处理得多么糟糕。在中国盐矿区里的大多数人并不清楚我将要离开，更不必说这些情况了。但是，甚至令我更惊讶的是这里团队成员的反应，他们觉得我选择了这样的方式去应对这些状况——做一位将要代替我职位的新同事的向导，他们绝大多数人感到吃惊。

在晚餐的时候，他们坐在我的对面，我感受到了一张张的脸上挂着这种愤怒和绝望的神态。我感到他们情绪上的焦虑和紧张。并且我也意识到我将要开始向前发展。我已经提供了机会让那些我在乎的人跟我道别，尽管那样做，但我还是必须要接受我是一名向导的角色。对于我来说，这是一个很简单的决定——一个很简单的选择。这给了我更多的时间跟我的家人在一起——尽管这次旅程连同我的尊严一起带走。

我还是要去选择。

我一边听着他们说话，一边倒着第二杯葡萄酒，拿起账单，然后离开了这次充满感激之情的谈话会。我真的不知道对于别人来说，我意味着什么，或者，至少，对于这些人来说。这是具有启发性的。你可以说他们的价值观没有被其他人所决定，因为有的人会以特定的方式来定义他们，但都不是真实的。你可以选择相信或者你可以选择把自己的注意力移开到别处。

我的经历令我不愉快。这并不是独一无二的。但我希望它是。让我黯然悲伤的是，它并不是。然而，我正选择去把注意力投入到让我收获更广泛的经历，还有我的丈夫和我的孩子们中去。我正选择去把专注力投入我能够给予支持的那些人身上去，他们也经历着类似于我这种令人不如意的情况。我正选择立身处世，并且带有尊严地处理好这些事务。我正选择去尊重自己，通过这样做，可以传达这样一个信息，那就是我不会允许其他人去决定我的价值，我的重要性，还有衡量我成功的标准。

在选择中，我恢复了控制力。然而，讽刺的是，针对这一点，通过共享中的舍弃和失望令我醒悟，连同意想不到的感激和对于牺牲精神的尊重。接下来的几个星期我开始要做一位向导，但我觉得这样更能控制好我的情绪，并且让我感觉到无论我的情绪如何，都不会对此事带有歉意或者遭受谴责。允许我去放下它，随它去吧，只需要去感受它，仅仅需要做的就是变得强大起来。这是一种选择。这是一种继续向前发展的选择。

这是我的选择。

导游芭比

2013 年 3 月

澳大利亚，阿德莱德

我们登上飞机离开澳大利亚，我能够感觉到黑暗势力蹑手蹑脚地溜了回来，并且出现在我脑海中，纠缠着我。我们到达了上海，回到家大约晚上 8 点钟。在第二天的早上 6:15，我的司机会带我回到机场，然后飞去泰国。这是少于 10 个小时的周转时间。导游芭比回到赛道上，并且这时，这种有势力的和强大的巫术并没有跟随着我。杰克利用一段时间在澳大利亚与我会面，但在剩下的行程，他并不能够一直陪着我。

在回上海的旅途中，我一直都读着由罗慈和本·詹德编著的《艺术的可能性》这本书。这本书是一个为你提供重新定义你生活的工具——去发现身边艺术的可能性。当我在读这本书的时候，我开始哭泣。这里并不像我当初阅读《辛德勒的名单》那样。为什么我会哭？嗯，有点复杂，但同时也很简单。这本书的内容切中要点，一针见血。对于我和我的生活，我的看法，我憧憬的，我所谓的一些事情，这一切都是错误的。

观点之一就是“这所有事情都是虚构的。”每一件事情是虚构的：

●对照这个标准来衡量我自己。

●这个标准是别人用来衡量我的。

●我正在跟盐矿产区玩的这个虚拟的游戏。

●成功，幸福等等的定义标准。

一旦你意识到这些都是虚构的，那么你可以重新发明它，忽略它，创造新的游戏，一款又新又真实的游戏，一切皆有可能，因为你把自己置身于这个设计里，评估你的选择也许会受到这些虚构的限制。

一方面，我同意甚至更喜欢这样的概念。它让我把所有没用的想法都抛出去。但是，现实的情况是我将要登上飞机，在泰国的飞机上数个小时中我玩着导游芭比的虚拟游戏。我想玩导游芭比的这款游戏吗？不。我能说不吗？不。为什么不？因为我害怕我会被认为是消极的，并且我并不需要任何更多的消极情绪。但如果这一切都是虚拟的，那么我应该可以逃过这次的旅行。并且，这是我的选择。如此的简单，但也是如此的困难。

当我坐在这里翻阅书本的时候，我就知道我会登上这架飞机。但是，我决定去修改这个计划。我不会陪同盐矿区的男同事们去芭提雅（不管怎样，没有人想要一位女孩跟着他们一块儿去——嗯，不管怎样，没有人想要跟这位女孩在工作上共事）。我决心去转换我的返程航班，并且计划在周三那天回家。

当我读到《向前一步》这本书的时候，我在回程的飞机上哭了。

当我还是小女孩的时候，我被别人称为是“专横的”。在高中的时候，我被选为“最有可能成为首领的人”，像这样的事情并不意味着是赞美或者是恭维。如今，在工作中，我并没有“魅力”，并且我“太好强”了。我整个人生中的这种性格被别人取笑，事实证明如果我出生是一个男孩子的话，我就会具有领导的才能。

还有几分令我感到安慰的是，得知全世界事业最成功的女性——乃至全球最有影响力的女性，她们都遭受着同样的困惑，被相同的问题困扰着，那就是她们也会产生自我怀疑的情绪，甚至没有信心相信她们自己。不知道她们是以怎样的方式去克服这个问题，但我不确定的是我是否会克服这个挫折。至少，今天不行……

恐惧的情绪让我犹豫不决。我想丢弃这整个该死的想法。我愿意这样做。我想退出，并留下他们到男孩俱乐部里去。我想从事于妇女问题的工作并且希望日后能够影响到我的女儿们、我的外甥女们和我的孙女们。我想让自己来重视自己——多么伤感的表达？我想让自己来重视自己……。那就是说，我很难在自己身上找到价值。为什么会这样？

嗯，很多原因，但我的职能经理——曾经是我的导师，给我这样的一个最后的打击，那就是当他看着我完成的任务后，告诉我当我做这项工作的时候，我未能与在美国的那些男同事建立起良好的关系。我会用细节的问题上来证明一些具体事例是错的，但为什么会这样？

这不是重点。

重点是我是一个女人，被安排到一个有权威的职位，这个职位要求的是要实时地进行决策并且作出重要的判断。而且，在类似的工作中，我比那些男同事低两个级别。没有人喜欢一位“下属”会给他们分配任务，特别当这位下属是一个女人的时候。这注定是要失败的，尽管如此，我还是成功了。他们除了把我定义为团队以外的人，还能做什么呢？

成为被别人抛弃的人——这是我最大的恐惧。这样的想法常常困扰着我。它存在于我心灵深处的角落和裂缝里。更糟糕的是，当我一边微笑着，一边带领着新来的同事，还有一位英国人游曼谷（他也将会代替我的职位——是的，让三个男人代替我这位毫无魅力可言的女人，还包括一位高级主管），我想到了我像隔夜的面包那般被推到一旁之前，他们会将我最后一片都倒进垃圾桶里。

更糟糕的是，像在澳大利亚，泰国的团队就显得非常大方。他们中的一员发表了长篇大论对我表示感谢，甚至说他们希望我会继续从事监督区域的工作。我可以肯定的是，这位新来的同事和那位英国人也同样喜欢从事这样的工作。尽管我还在这儿，但也会有危机要去处理，是的，我已经处理了。笨蛋。

如果我没有持有自我怀疑的态度，那我会变成什么样的人呢？如果我坚持到底，会不会更加稳定呢？我会达成什么目标呢？我永远都不知道。谢丽尔·桑德伯格的观点是正确的：当我们是小女孩的时候已经开始形成了，并且巩固了我们的一生，甚至其他的女人会影响着你。

我有女儿们，我有外甥女们。现在我也常常困惑于她们的事情，但她们也让我受到启发。我必须重新找到我的方向，并且相信自己。我只是在剥洋葱的时候会感到深切的痛苦，失望和绝望，有时，令人压抑的。

但是，在我内心里充满着巨大的欢乐，当另一位妇女告诉我，我鼓舞和激励着她，特别是这位把我从导游芭比里找出来的时候。

它存在于那儿。在某处，新的憧憬，在那里重塑自我。

我向前一步，却感觉有强烈的反弹。但是，我不想走回来。我想向前走得更远。无疑地这会让我与我的前任导师甚至是朋友们显得格格不入，但我还是致力于这项事业。也许有营造共同愿景的可能性，但如今我持有怀疑的态度。

我需要给自己许下承诺，并且恢复自己的信仰。我一定疯了——好吧，我们都知道的，不是吗？

恐惧……成功……现实……看法

2013 年 3 月

上海

1991 年，美国最高法院的大法官克莱伦斯托马斯在国会的任命听证会上，安妮塔·希尔对他提出性骚扰的指控，当年我还是法律专业一年级的学生。我记得当时是在法学院的公共区内观看这场听证会的。真正打动我的是，正如我看到了为希尔教授作证的参议院小组的构成。我也记得希尔教授和候选人托马斯两人的音调有着显著的不同。

参议院的听证会让我留下持久的印象。最近，我一直都在思考着安妮塔·希尔、希拉里·克林顿、谢丽尔·桑德伯格还有我自己。并不是因为把我跟她们归入一类人（我没有），但来个午餐不是挺有意思的吗？我曾经一直都想着她们，还有她们的经历如何影响着我，让我发展并且强化我自己内部的情感。

我记得那时托马斯明显地生气了，并且始终（清晰地和有力地）使用他以私刑处死的术语。我回想起他这种集中于一体的“怒气”让他看起来更加坚定。

与此相反，希尔非常努力地保持着冷静和缄默，即使不端庄严肃的也不会令人感到尴尬的。她熟练而敏捷地回答着这个问题。参议员拜登问她是否记得托马斯这个名字过去一直被形容是一位特别的男人。“是的，”她回答道。只有当被问到提供真实的名字，她拒绝了：“太久远的事情了。”

我一直记得，那时候如果她想有人去相信她，那么她必须要保持冷静。她不能打出“处以私刑”的牌子，或者她会被认为是过于戏剧化的。她的证词必须是真实的、客观的、有效的。

希尔跟托马斯对立的时候的行为举止一直打动着我。愤怒，坚定的愤怒，一位相当好甚至令人钦佩的男人，特别是当他的妻子坐在他身后禁不住流下眼泪的时候。希尔不能以相同的方式打出愤怒的牌子，她是一个恶魔，魔鬼，恶意怀恨在心的女人公然向他报仇。愤怒不能够抹去那经典的形象，这种形象非常容易被世人所忘却。她是如此地无理、无耻和轻蔑。看着她在那儿发表证词，就像一位走钢丝的人不系安全带那样。

还记得我当时曾想这场听证会看起来像一场审讯会。除此之外，如果这真的是一场审讯会，我期望在陪审团里可以看到一位妇女，一位非裔美国男人或者甚至是一位非裔美国女人。但这些全体陪审员都是由清一色白人男性组成。白人男性极少有类似托马斯和希尔那样的生活经历。

就算把它吓得命都丢了，但它仍然如此。

为什么，在安妮塔·希尔后的二十多年里，我还是那么害怕，我究竟害怕什么呢？

●成功？

●被发现是一个骗子？

●害怕那些针对想成为“成功女性”的偏见？

●除了我不能十分确切地说出究竟害怕什么外，我还想知道我是否自暴自弃或者试图让自己自我毁灭，如果是这样的话，原因呢。也许我害怕成功，妇女们都放弃了，我曾见识过。

●她们的放弃是因为她们认为呆在家照顾她们的孩子，是一种更好的选择（对于一些妇女来说）？

●她们的放弃是因为成功女性被认为比一般女性获得更少的东西？

●妇女们的放弃是由于她们自暴自弃？

●只是因为太艰难了吗？如果是这样的话，是什么事情如此艰难？

自我能力否定倾向

在1968年的时候，当我还是一个小宝宝，学术者和研究人员问起这些相同的问题。【见行为：性和成功，时代周刊，1972】

她们其中之一是一位名叫玛蒂娜·霍纳的女人。出生于1939年的霍纳女士是奖学金获得者，并且还是行政管理人员。她针对妇女对成功的恐惧这个问题进行了早期的研究。后来就在拉德克里夫重新定义与哈佛大学的关系的这一时期，她成为了拉德克里夫学院里最年轻的董事长。

霍纳的研究而得出的结论认为，当妇女们的能力、利益和才能没有与典型和内在化的女性角色相一致的时候，她们是矛盾的。换而言之，她们既想成功，又害怕成功。然而，引起的欲望或者动机去避免成功的发生对她们的行为有影响。

为了证实这种避免成功的动机是否存在，霍纳试验观察着与她的同性别的成员，并且记录下她们的意见。完成后的报表展示的是一定程度上的冲突，由于这种成功的出现，无论是成功还是负面的影响都会导致不良后果的可能性，霍纳总结道一种避免成功的动机是存在的。甚至数据暗示着个体不需要为成功或者完全否认这种成功从而被视为一种避免成功动机的证据而承担责任。

在霍纳之后的十年，玻琳钱斯和心理学家苏珊娜用掷硬币的方式定义“自我能力否定倾向”去描述受教育程度很高的女性有很高的专业素养，但感觉她们用她们的聪明在愚弄老百姓。

以下的四种行为被认为是带有自我能力否定倾向的：

●第一组生活在持续不断的恐惧中，害怕她们的诡计会被识穿；

●第二组采用奉承的方法；

●第三组利用她们的优秀的魅力，去设法取得好感；

●第四组害怕在如今的社会上，作为一位女性太过聪明和太有学问会被拒绝。

这种概念由曼弗雷德·凯茨弗里斯在2005年哈佛商业评论的文章中扩展开来。凯茨弗里斯介绍说存在有“真正的冒充者”的可能性——这些个体缺少资格和技能去完成。真正的冒充者不同于那些真正能够胜任的个体，但要相信她们都是在愚弄人们。

这并不奇怪，在研究的众多结论之一就是个人的态度不是建立在现实上，而是建立在内在心理的不平等上。换而言之，看法造就了我们真实的世界并且形成了我们的看法，在某种程度上，是为我们自己内在的挣扎去进行自我对话而找的借口。一位真正的冒充者相信他或她是一位专家，并且会向上爬，尽管另一位能胜任的个体或许认为他们是骗子等着被识穿和自我摧毁。

在2006年的时候，精神分析的国际论坛对此作了整期的报道。大部分文章是由女权主义女作家写的。这些作者除了说明心理动力学理论外，还特别强调了社会对妇女的态度。

不同的作者都普遍承认社会对于妇女的态度面临着真正的挑战，根据玻璃天花板效应，事实是，是一个真正的障碍。然而，对于研究者们来说，更重要的问题是如何让妇女们意识到这种非常现实的情况呢？每位妇女是否会为不公平的现象而作斗争还是顺从屈服它，内在的挣扎还是继续存在着。她的选择就是——去斗争还是去顺从——这决定着她个人成就的标准。

【资料："对成功的恐惧，"卡尔V，www · HOUD · INFO】

我不是一名学者，但我着迷于这样的研究，因此我了解到这种现象。那些研究人员认为我有资格作为能够胜任的人还是一位冒充者呢？我自己内在的挣扎没有受到影响以致于我还没决定我会轻易地放下武器还是继续作战？盐矿区呢？是否在我和盐矿区之间挑起了一场争端，就像托马斯和希尔之间那样？我会扮演着被人嘲笑的妇女角色吗？自从托马斯对决希尔的那场听证会后，我们已经成长起来了吗？

希拉里·克林顿：成功的定义

有许多的原因让我成为希拉里·克林顿的超级粉丝，其中之一就是她让我觉到必须要做好自己。疯了？也许吧。但是，当我看着她的时候我确实是这样感觉的。在某些方面她是一个模范。我看着她的逐步发展就像我这一代的其他女人那样：从比尔·克林顿总统竞选，医疗保健的辩论，莫妮卡的丑闻，成立希拉里自己参议院到参加总统竞选。

就像许多妇女一样，我想知道为什么她不能够击败巴拉克·奥巴马？是没人喜欢这位聪颖的女孩吗？我们就不能认真对待这位女人吗？舆论界只是对她的发型和服装而着迷，可是她的思想呢？

如今我知道希拉里正“重新定义成功。”以下是引用来自阿里安娜赫芬顿的文字，“重新定义成功的意义：希拉里·克林顿的下一个巨大的挑战？”2013 年 2 月 5

日，哈芬顿邮报.com 里的一篇博客：

“希拉里是在美国最具影响力的女人，”迈克尔·托马斯写道。“附加：她几乎可以确定是在我们所有政治史上最具影响力的女人。”对于整整一代人来说，她作为一个成功的女人，是最重要的例子。以下是沙龙丽贝卡描述关于希拉里的一些文字：

当比尔·克林顿赢得了总统的职位的时候，我只有17岁。我整个成年期对政治的意识只有希拉里·克林顿，甚至受到比比尔更多的影响，不管怎样她都处于那种公众势力的位置上。已经过去二十年了，那二十年对于我来说贯穿了我的成年期，并且我感觉前期我并没有很热烈地崇拜她，但后期我是非常热烈地追随她，但她已经离开了这种理念，我在周五早上醒来一直在想，嗨，它的时代已经结束了。并且，让我们希望，另一个时代的开始。“在这20年里她已经活跃在这个舞台上了，”托马斯写道，“整个国家已经不再怀疑妇女们是否可以应对最艰难的工作，并知道她们是可以胜任的。”

我们有过吗?

我们开始了解到妇女们真的可以解决那些最艰难的工作吗?我们可以作为一种常态去接受它吗?而且,许多人一直在问:“我们解决这些最艰难的工作,要付出什么样的代价?”

阿耶莱奥尔德曼的《美丽佳人》的简介中(2012年10月),希拉里克林顿谈到至少关于这个问题的一个方面。“在我们工作的场所中,很重要的是……有更多的灵活性和创造性,使妇女们能够继续去做那些高强度高压力的工作,因为她们不仅仅要照顾年幼的孩子,还要看护年迈的父母。”我没有不赞成,但那几乎不是最大的问题。

在这里,我赞成谢丽尔·桑德伯格。在这一点上,我不知道克林顿女士是否会同意或者不同意。她说的“这个问题的一方面,”暗示着这个问题是多层面的。应该是。

桑德伯格的著作《向前一步》,公开讨论关于女性的内心深处进行自我暗示的问题。这种来自内心深处的自言自语使她们退缩。她们这种发自内心深处的自我怀疑和抵触的情绪是建立在这两件事情的基础上，一方面是关于她们如何看待自己，另一方面是这个社会不断地去加强这种观点，那就是她们具有权威和成功却不是一个女性该有的品质，这是一种根深蒂固的观念。

像“专横”，“不随和的”甚至更糟糕的词语用来描述那些具有权威的女性。并且，当设法出现更多政治立场上的调整，我们很容易地会把“太”这个字放到了描述语的前面：“太好强。”一个男人“太好强”被认为是积极向上和充满激情的。一个女人只是被认为“太过。”

我很高兴去看到希拉里·克林顿在班加西的听证会上，展示出有关她自己的方方面面：她的同情心和热情、她的才智、她的聪慧、她的愤怒、她的激情和她不情愿地遭受被愚弄或者被人耍花招，这些行为造成的后果是非常严重的。

然而，我们都不是希拉里·克林顿或者谢尔丽·桑德伯格，对吧？自从 1991 年，这些后果对于我们这些“普通妇女”似乎没有改变这一切。如果我展示着自己的所有的方方面面——我的同情心、热情、才智、聪慧、愤怒、激情等等——我是既不受人钦佩又不受人爱戴的。

心灵的探索者

我一直在阅读、在思考、在写作并且在寻找着自己的灵魂。

●我是谁?

●我想要成为什么样的人?

●对我来说成功是什么样子的?

●总之何谓成功?

●我想取得成功吗?

●如果是的话，为什么呢?

●对我来说，什么是最重要的?

●我来说，什么事情理应是最重要的?

●我应该要问自己什么样的问题?

这几个星期以来我一直都情绪低落。这几个星期的时间感觉太少了，时间流逝得太快；随后我必须要登上飞机并且离开我的家庭。但这并不是永远，只是在那段时间内，我反而觉得时间过得太慢。

我回来了，却不能够再彻底地、深入地了解这个地方。准确来说，当我相信自己可以创造更多的时候，这却是令我感觉到“更少”的一个地方。在这种情况下，我曾经一直以来被冠以很多称谓，但没有一个是可用的。不，我不是希拉里·克林顿或者是谢丽尔·桑德伯格。

亚历山德拉·常的连线杂志（像许多职业女性）一直在读的《向前一步》，正如我一样。我在这本书上可以看到自己的人生经历，正如常的经历那样。常阐述到如果要理解她对这本书的意图，你只需要在她的赠阅本里看看“星状符号”和“感叹号”就知道。

【资料：“为什么你们应该‘向前一步’去阅读谢丽尔·桑德伯格的新书，”维尔网，2013 年 3 月 11 日】

常写道：“其中的第一种出现在段落的旁边，在那儿，谢丽尔·桑德伯格详细地说明了针对于男孩子和女孩子的不同文化的信息。女孩子经常性地，公然地并且被鼓励去成为‘漂亮的人’，谢丽尔·桑德伯格解释道，而聪明和领导力则留给男孩子。”

我称这样聪颖的女孩为综合征患者，并且回想起在希拉里·克林顿和巴拉克·奥巴马之间的辩论。我一直在想克林顿应该要控制住自己并且等机会去看看奥巴马是否知道那些问题的答案，甚至他是否知道俄罗斯新领导人名字的正确读音。然而她等不及了。

我一直都困惑着你比我聪明，即使我知道，但你如果是把自己视为“自作聪明的人”，那么没有人会喜欢你，并且你也不会成功。她没有。那她如今成功吗？

常继续强调桑德伯格的这本书，有关我们许多人都能够涉及到的方面：

“当一个女孩设法去做领导，她经常被别人贴上专横的标签，”桑德伯格写道。“男孩子很少表现出专横因为男孩要承担首领的角色并不会令人惊讶或者使人不满。”这些细微的言辞令我眩晕……正如有的人，就像桑德伯格那样，在她整整一生被冠上了专横一词，在这一点上，我惊讶于之前自己并没有意识到这一点。

常引用了以下这段文字作为《向前一步》的“象征”：

“谢尔丽·桑德伯格‘有几分女权主义的宣言’

……当性别歧视的阴影更多地隐藏在角落里的时候，它则发出闪耀着光芒，处于最佳的状态中。另一个核心力量就是由谢尔丽·桑德伯格提出的，她被告知如果她毫无疑问地通过政治和商业影响而得到显著的提高，那么你可以继续采取行动。

我相信这些细微的、阴暗的歧视，是最阴险的。我很相信妇女们不经意间或者企图去进一步发展她们自己的事业而强化了这种歧视。是的，我之前写过我曾被要求变得更加有魅力，不要让别人关注我的变化，不要让那些男人感到不自在和尴尬。可悲的是，这种建议通常更多的是由女性提出，而不是男性。

在她的书中，桑德伯格谈论着关于一间哥伦比亚的商业学校研究判断在商务界，男性和女性“讨人喜爱的程度”。一些学生被告知关于一个雄心勃勃、成功的风险资本家名叫海蒂的故事；另外一些学生也被告知相同的故事除了那位风险资本家的名字被改为霍华德之外。尽管在你其他的细节上没有改变，但是学生们发现霍华德是这两位资本家中更讨人喜欢的。

我知道这种歧视的存在。我知道在如今的社会，这种微妙的性别歧视正不断地增强，无论是在大大小小的工作场所中，并且我知道这正发生在我身上。它在我身上发生着并让我疯掉。我发觉自己不断地质疑着自己所做的每一个决定，并且重新阅读每一封我写过的电子邮件，在我头脑里反复重播着每一则谈话。为什么会这样？因为没有人喜欢我，我太有野心了。

事实上，也不是没有一个人喜欢我，只是一个小组全部都是由权有势的白人男子组成。然而，即使这是现实，我为什么还去在乎呢？我为何要去在意呢？我的丈夫爱着我，我的孩子们喜欢我，连我的狗狗都喜欢我。嗯，我想它是喜欢我的，但或许我的想法也是错的。

因此，我真正害怕的是什么：成功？受欢迎的程度？还是害怕说出真相关于如今正在发生的事情？

为什么

2013 年 3 月

上海

在某一时刻我们难道没有问过自己这些问题：这是做什么的？为什么我要这样做？为什么我要如此努力地去工作？什么原因让我经受这种痛苦呢？

当我们能沉浸在喜悦、幸福或者成功中的时候，我们是否曾问过我们自己这些问题呢？不，自我反思似乎只有伴随着损失或者痛苦的到来才能发生。这样是对的吗？不完全是。100% 的时间我是没有痛苦的，甚至 50% 的时间也没有痛苦。但是，我是沉下来心来思考的。我思考着什么呢？老实说，我从来都不知道。

嗯，这不完全是正确的。我在沉思着放火。放火到桥边使它燃烧，并连同我的愤怒一起照亮了天空。当我询问自己为什么这么做？这次历尽千辛万苦的旅程的真正意义是什么？也许这比我更重要。也许是时候全力以赴出发并将我的卡片放到桌子上。

告诉你们我的故事。

我的故事是什么呢？这是一则关于一位普通的妇女带着她的丈夫和孩子去到中国的故事。在这旅途的过程中，这位妇女重新发现自己被埋葬了几十年了的阴影。由于那次的发现，她更多地了解了自己和她的家人，而她以前是没有了解那么多的。她还发现了什么对她来说是最重要的，真诚和重要的品质。

这种发现不仅仅是针对她的家人，还是针对整个社会的良心。但是，发现只是自我实现的第一步。一方面是得知并且紧握着自己的信念，然而另一方面是去保护、提升和改进那些信念。这并不是说在傍晚 5 点半下班就可以花更多的时间去跟你的家人在一起。不，对我来说，还有很多比那更重要的事情。来自我心灵的深处的一小块地方，我想这个地方已经自我封闭了多年了。

为什么？难道这些天来我一直都问自己这样的问题吗？每一个经历都代表着一些事情。为什么要有这样一个经历呢？是想提醒一下我，让我醒悟，然后教会我一些道理？是想让我内心燃烧的火焰显得我与众不同？丢掉自己糟糕的情绪然后才去行动？

我想是这样的。但问题是我有家庭和选择。这是一个选择。我可以选择把自己投身于对我而言有着许多意味的事情并采取行动，但那样的选择未必能够养活我一家人。这并不是说我不能找到一个方法。这只是意味着我不能够撒手走人，然后重新开始，因此这种强烈的渴望被扔到窗外去了。我爱我的家人。在任何情况下，他们都不会让我踌躇不前。相反，他们能够鼓励我。

然而，我感觉自己在为一场战斗而全副武装准备着。事实上这场战斗让我与朋友们、导师们、挚爱的人们为敌。这并不意味着这种战斗是错的。这不是意味着他们或我是“坏人”。反而，它引发了如今在我们的世界上缺少的的争论。它给没有发言权的人发言的机会。

勇气，坚定的信仰，承诺。我都有吗？我还不知道，但时钟还在滴答作响……

举起你的手来

2013 年 3 月

中国，南京

如今，我在中国南京旅游，跟在盐矿区工作的一群妇女谈话。途中，我一边都阅读着《向前一步》，一边感觉自己就像一个骗子。毕竟，在中国，我不再拥有“领导层”的工作。坦白说，我不知道这几天我是怎么过来的，除了玩着芭比向导之外。

我睡着了——谢天谢地。之前我是很难入睡的，但在这 45 分钟的火车上我确实睡着了，真的和以前完全不一样。

我意识到——当我睡着的时候，我的所有美好的想法都实现了——那就是作为一个领导，我不用被冠以某个头衔。我甚至不需要去工作。这样的想法是虚构的。我不需要去相信它。它不需要成为我现实生活中的一部分。见鬼，此时此刻世界上最有权有势的女人竟然失业了。她的名字是：希拉里·克林顿。

我就是这样的。是什么样呢？嗯，比起一个简单的博客这是有点点复杂，这就是为什么我要写出超过 90 篇的东西来。然而，我认为这个‘为什么’的问题今天偶然发生在我身上——这一切都是为了什么；为什么我会在这里；我是谁，还有我在意的是什么？这是什么样的一个旅程，为了什么而来？

我一直都在关注于两件相同的事情——公正与平等。不管我的零用钱或者我的薪水是多少。（问我老爸！）

昨晚，我不能入睡，我观看着斯托本维尔的新闻事件，俄亥俄州的强奸审判裁决。不得不提的是，这让人难以置信的轻描淡写，令我感到不舒服。我之前在另外的博客上已经提到我在这个地区有一些经历，但再说那些久远的历史故事已经没有什么意义了。只能说，无论我知道与否，自从那些经历发生到我身上就已经决定了我一生中的每一个时刻。

针对妇女的暴力行为是根源，是核心，是不公正的源头。葛罗莉亚斯坦能说过要是你在家里都不能够优先地拥有民主的权利，那么你不可能拥有一个真正的民主权。她所说的是如果妇女与她们的配偶不能够拥有平等的关系，怎么能指望在工作场所享受平等的待遇呢？更糟糕的是，直到几十年前，夫妻暴力才名存实亡。家庭暴力在美国的辞典上是一个新兴的术语。给它起这个名称在妇女的权利上进了巨大的一步，大多数人并不知道，或者，至少不清楚为什么它是如此的重要。

美国人认为自己是文明进步的。我们在电视新闻中看到叙利亚和印度对于妇女被强奸的事情持有冷漠旁观的态度。我们声讨的那些年轻女孩的婚姻，非法地进行妇女的交易，我们做了很多次的演讲并且做出了承诺，随后，在我们本国的后院，我们声讨的那些年轻的妇女被那些“最有前途的橄榄球事业”的“最有前途的年轻学生”给强奸了。嗨，我喜欢橄榄球就像下一届圣母大学毕业生那样喜欢，真的是那样的吗？

这些事情跟我这次去南京有什么联系呢？一切都有着密切的联系。这是中国。你只被允许生一个孩子。你的思想、你的梦想和你的抱负在很大程度上被政府控制着并限制着，控制并限制你一生中的地位，你的过去和你的出生地。你有能力去迁居，去完善自我，去思考，去成长，然后成为了你想要变成的那个人，这一切的一切都被严格的协议和规定限制着。

当然，比起十多年前，现在的限制开始放松了。但是别搞错，我们仍然还在谈论着这个国家的政府官员强迫一位怀有七个月身孕的妇女去做流产手术，因为她已经有了一个孩子，并且她负担不起沉重的罚款。公民享有最基本的人权——去创造生命——在中国被控制住，这种方式远远超过了罗伊对维德。然而，据我所见，妇女们在工作上还是卓越非凡的。

她们关注的事情与你的和我的没什么两样。她们只是想抚养好她们自己的孩子，使孩子们变得更强大更有能力的，但同时担心着她们的孩子会被身为祖辈的父母给宠坏，因为他们只有一个孙子或孙女。

她们还担心社会化的本身。当她们首先要面临着其他“孩子”趋向于“成人化”，她们的孩子是否也能够生存在这个世界上呢？受到重压的妇女们放弃了她们的工作而留在家中，显得有意义。她们有能力去应对着抚养一个孩子的压力，同时这个孩子的身上被整整一代人寄有很大期望的，充其量平衡地做一下可有可无的工作。

中国的医生会告诉孕妇们要剪短她们的头发，因为长头发会从宝宝身上窃取营养。然而她们并没有被告知在整个孕期内是不能有任何性行为的，甚至更多的其他方面。她们害怕每一件事情，因为她们没有经验，没有参照物，没有任何人和事帮助她们使她们消除疑虑。但是，尽管如此，她们还是想去工作。她们想培养孩子去面对这个世界，立足于社会并且具备能力。她们相信自己但缺少了来自父母亲，配偶甚至同事的支持。

“你是怎么做到的？”对于这个问题我经常被问起。今天，我告诉这个妇女团队，我之所以能够做到是因为我得到了许多人的帮助。首先，我的妈妈和我的婆婆，然后再到我最小的妹妹，最后是我的丈夫。我带着自信心去做到的，并且我知道自己喜欢并且想去工作，而比起我，作为父母的角色，杰克做得更好。并不是说我不能做一位好的母亲，但当我工作的时候，我会做得更好。

让杰克留在家中，在我跟杰克做这个决定之前，是不划算的。但是，我决定减少儿童保育的开销，一间好的托管所，是一个沉重的负担。我决定这是一项投资——用在我跟我孩子的身上。我要工作，并且需要在我身上投资。因此，我们双方都需要不停地工作直到我们认为国际商务旅行开始成为一个主要的问题，甚至连最好的保育托管都不能解决的问题。我们需要——我需要——杰克。

我还被问到“那你是如何告诉一位新来的领导这个问题呢?”很简单，真的。

“就像我告诉我10岁的女儿那样，以相同的方式相同的事情来告诉我的新领导。举起你的手。”她们看着我，于是我解释起来。自你出生的那天起，你就有潜力去领导一切。问题是你有这种勇气吗？如果有的话，那么你还有这种渴望吗？不要坐在房间的最后面。不要等待着被别人去关注你。举起你的手，提供你自己的一个观点。表明自己的立场，不管是正确的还是错误的——

下决心。从你的第一次开始。领导能力就像作曲，最动听的音乐都是由音乐家们不断地去实践，然后犯错，再有更多的实践。观察、倾听而不是立即下判断和行动。

在中国、在印度、在叙利亚、在柬埔寨和其他地方，我们需要这样的妇女去举起手来，然后说出她们的观点，关心着她们的问题。我们越来越需要她们，因为似乎美国甚至欧洲那边的妇女已经停滞不前了。

敏感、朦胧的性别歧视。我认为这些词是谢丽尔·桑德伯格过去常常用来描述在工作场所中我们经常评价妇女的方式。这也是我们在这个世界上评价妇女们和她们的价值观的方式。问问你自己为什么会这样，在美国，我们仍然把责任归咎于强奸案上，并且对未受到应有的惩处的强奸犯感到深深的失望。这种基本的层面还是没有改变。至今还没有。

你会问自己什么样的问题呢

2013 年 3 月

上海

“花了许多年的时间，支付了许多昂贵的治疗费，至今才弄明白一直以来询问自己那个问题，那就是什么能够让我开心，而不是什么能够让我获得成功。‘成功’是一个陷阱。这个陷阱让我们相信它会令我们的同事对我们尊重，甚至会嫉妒我们。但是这样的定义是难以捉摸并不断变化的，最重要的是，与幸福无关。”

节选自梅丽莎·弗朗西斯的“女强人的真实世界”，出版于赫芬顿邮报网，2013 年 3 月 25 日。

问这样一个问题恰当吗？我想知道。也许对于弗朗西斯小姐来说是合适的，但对于你、对于我或者其他人就适用了吗？

然而，成功有错吗？我不明白一种看法，那就是

“成功的”的女人也不能拥有快乐。这是谁规定的呢？追求幸福，或者换一种说法，追求卓越，什么时候变成一种“陷阱”了？

我想知道为什么妇女们都对谢丽尔·桑德伯格感到心烦沮丧了呢？她做了什么令人觉得如此糟糕？她有建议妇女们自力更生的途径吗？当我们许多人在整个职业生涯中都处于缄默的状态，她有指出了隐藏下性别偏见的问题吗？对于一位妇女来说，就算她的周围有庞大的力量支持着她，她还是要持续不断地奋斗，她是否承认这点呢？是的，她都有。那么，此外，还有什么原因让人觉得如此糟糕？

不幸的是，当女人们谈论那些有权有势的妇女，当你反复地听到每一个强势的女人是多么的可怕后，你才能领悟到对话中合理的部分。来自大西洋月刊的丽贝卡格林菲尔德写道“当女高管评价你的时候，你有什么样的反应”2013 年 3 月 1 日。（一些更有趣的读物：“也许你应该读读这本书：谢丽尔桑德伯格的强烈反应”来自纽约客，由安娜霍姆斯发布，2013 年 3 月 4 日）

这真的是一个问题吗？如今的我们正把自己比作是谢丽尔·桑德伯格，然后发现我们的效仿的效果不佳？有人建议我要明智地去区别“我与我的同辈们”，而不是“成功与幸福”之间的比较，这样对我来说更有帮助。确实是这样。

难道这真的不是关键所在吗？坦白说，这不是谢丽尔·桑德伯格所说的实质性问题吗？也许你不喜欢她的方法——向前一步——也许这不是你的风格，但别让这蒙蔽了真相。她有写更多的关于她丈夫的角色令她工作与生活中找到平衡吗？也许是吧。然而，这不是思考的关键点。先自己想想，细心挑选下什么活儿适合你，或者什么事情与你产生共鸣，留下其余的给别人完成。

我的朋友在评论中指出“我们是否要用幸福或者成功来作为一个衡量标准，我认为这对于对自己的评估有更多的帮助，而不是对于来自别人的评估。如果我们在公共舆论上尝试着让别人评价自己，那么我们会丧失我们选择上的权利。”正是如此。

看，我现在写这篇文章是过了午夜之后，因为我不能入睡。梅丽莎·弗朗西斯在她的博客上表明，尝试去努力做一个女强人是问题的一个方面。也许是这样吧，又或许我只是有失眠症而已。我怀疑要是我没有了工作，是否我就不能入睡。我会找一些理由半夜起来在屋里踱来踱去，我就是这样的。

事实上，我没有要成为女强人的意思。然而，我努力去让自己快乐，对于我们来说能有一份充满活力和挑战的工作我已经心满意足了。这就是让我做出选择的一部分。当初当我有了第三个孩子的时候，我最大的女儿6岁，然而她迫不及待地让我返回去上班。对她而言，幸福就是有一位上班族的妈妈，因为这位上班族的妈妈是一位更快乐的母亲。我并不需要立志成为谢尔丽·桑德伯格那样成功的人。我只是渴求尽我所能处理好我的事情，我相信我也有一些很好的建议提供给你们，我想和你们分享它。

我选择去拥有一份职业和一个家庭。我有一位好丈夫，他选择了更辛苦的工作——留在家里，好让我可以追求我在职业上的兴趣发展，并做一位好母亲。

这几十年来，我们开放和诚实地沟通让这个成为可能，并且避免了“持续的战争”或者是“建设性的摩擦”，这种沟通方式能够使我们一起去做决定，我们都信奉这种方式对于我们的婚姻和孩子都是最有利的。这并不是为其他男人和女人而效力。而是为了我的伴侣和自己而努力。

这并不是说，在工作场所中对于那些不平等的事情，我并不沮丧，我是感到悲痛的。我也公然地说出这种想法，这种想法是对我职业生涯的影响。就像桑德伯格，我选择去说出来，并且我料到这会造成强烈的反响。我也许不喜欢它。谁喜欢被别人叫如此难听的名字呢？但是，我选择去做是因为这是我的一个信念并且它对我很重要。尽管有时候会让我感到悲伤，但还是会让我开心。我只需要选择去投入更多到令我欢乐的时刻上去，而不是那些让我悲伤的时刻。

在我工作的地方，我的这种想法影响了其他的妇女。我知道这件事因为她们告诉过我，因为我意识到她们已经懂得去利用机会，而不是仅仅安静地坐在角落里等待着有人去注意到她们。我兴奋的是她们的成长和她们的成功。我视作它为我们共同的成功。

“让这扇门敞开，并且把梯子放下来!”换而言之，冒着被投进地狱之火的风险，帮助你身边的女性朋友吧，正如玛德琳·奥尔布赖特所预先警告的那样。

【资料：“让这扇门敞开，把梯子放下来，”来自斯黛茜·高登，福布斯杂志的撰稿人，2013 年 3 月 18 日。】

那些拒绝加入这样有意义的关于性别问题的讨论会的妇女们，让我大吃一惊。我甚至对这些少数感到自满的妇女而感到困惑，似乎她们已经把这架梯子扶了上去。

我赞同谢丽尔·桑德伯格去分享她的故事。她支持着敞开大门，当你爬上阶梯的时候，她会给你一只手拉你一把，给予你帮助。对于我所谈到的，如果你选择跳转去另一个攀登架进行攀爬并一点点地爬着，无论你是横向爬还是往下爬，她是不会给你劝告的。重点是选择，你可以选择不接受帮助。

选择去攀爬或许不是你的决定，即使其他人如何看待你的决定都不要紧。重要的是如果你决定去攀爬，你就应该被公正地对待。如果你有那么一点内幕的消息，无论可不可行——至少我们有那么一个公平竞争的环境，我认为这样会有帮助的。就个人而言，我感到欣慰的是，自己没有变得更加疯狂，并且，我想的跟像谢丽尔·桑德伯格那样的人想的事情是一样的，包括难以摆脱的自我怀疑的情绪打乱着我的生活。这是共同性的——我要说的是，跟着群体疯狂比独自疯狂更好。

我是一位女权主义者，我是一位母亲，我是一位妻子，我是一位参加过三项全能比赛运动员（嗯，我努力吧），我是一个爱人。像你们一样，我是一个复杂的人。追去幸福可以说是一场战争，没有人或者事让我觉得开心。我很抱歉弗吉尼亚，通往幸福的道路是没有秘诀可言的。

我的工作有助于提升我幸福的水平，但我不再让它定义着我自己。采取一些治疗、诚实的交谈和深刻的自我反省，但这并不意味着成功和幸福相矛盾而不能同时成立的。这只是说明我给自己的定义有点不相称。看法是要被需要、被寻找并且被发现的。没有什么是容易的，甚至选择什么都不做也不容易，并且什么都不做会造成一些不良后果的。

最近，尼克为泰格·伍兹推出了一则新的广告——“夺冠就能搞定一切。”也许这则广告是专门为泰格·伍兹而量身定做的，也许夺冠就是他幸福和成功的定义。对于泰格来说，也许夺冠就像一个奴隶，当他胜利的时候所有的烦恼都会抛诸于脑后。我不知道。因为我不是泰格·伍兹。然而，这则广告本身却引起社会上的强烈不满。事实上，这令我很吃惊。

尼克正用最新在线的广告，打出泰格·伍兹的照片，并引用了这个标语“夺冠就能搞定一切。”这正在引起社交媒体的风暴。

这则广告，发布到了脸谱网和微博客网上，被提及到的事实是这位高尔夫运动员从失意的事业中恢复过来，并在周一的时候重新获得世界第一位的排名，而在2010年的时候他并没有得到这个冠军的头衔。然而有些人说鉴于伍兹过去婚姻危机，这是不恰当的。这是关于这位体育巨头的最新的争议，由于婚外情的丑闻，他最近切断了与自行车选手兰斯·阿姆斯特朗和短跑运动员奥斯卡·皮斯托留斯的关系。自从 2009 年以来——无论何时记者问他关于他自己的事情或者其他高尔夫运动员的排名，他都长期使用这则广告语。”

【资料：“‘夺冠就能搞定一切’：关于老虎伍兹的广告受到了严厉的批评”梅安德森，美联社。发布于赫芬顿邮报网，2013 年 3 月 26 日】

我只是不太关注泰格·伍兹的婚姻问题或者他的约会状况，即便是他赢得了冠军。如果这对于他来说是可行的，那不错。赢得冠军对于我来说并不是意味着赢得一切。如果我确实“赢了”，我不确定我目前的情况会是什么样子，所以并不意味着“就能够赢得一切。”赢了冠军是不错的，但对我来说这并不是一切。

今天我特意去理了发，穿了一条裹身裙并且穿上一双漂亮的高跟鞋，就在这天，我就一直热切关心的一个问题上而发表演讲，然后回家为我的丈夫和孩子做烤薄饼作为晚餐，这些都是一种“成功”，并且对于我来说是一种“巨大的成功”。这是天堂。但是，今天还是要去理头发。希拉里·克林顿可能要求得会跟多——也许是世界和平吧。但是我不是希拉里·克林顿，我就是我。

平等的语义

2013 年 4 月

上海

艾琳·多纳，是美国汇丰银行的执行总裁，提及到跟她同一个时代的女性本应该做更多的工作去帮助那些落后于她们的妇女们，她是对的。

你们也知道，我信奉玛德琳·奥尔布赖特，当她提到“地狱里那么一个地方是专门为那些自私自利，不肯帮助其他妇女的人而设置的。”不，艾琳·多纳不应该下地狱。为什么？因为下一个时代的女性有相同的义务和责任去拓展自己，不让自己的步伐倒退。

事实上我读着谢丽尔·桑德伯格写的《向前一步》的书，不像许多批评她并且目光只停留在书本封面的人们那样，因为他们只喜欢去谈论那些关于“低薪阶层”的事情。关于向前一步的所讲述的意义和方式与低薪阶层的真实生活之间的争论，对我来说没什么帮助。并且，坦白说，我并不在乎你们在这个问题上放置什么样的定义。等同的语义正使我们踌躇不前。

我是一位律师。关于文字上的工作，我要花费几天甚至几个星期的时间去琢磨着一个逗号在句子摆放的位置，更不必说字词之间的选择。然而，此时此刻，在2013年的这个标题上，我不再去在乎你们把它描述成什么。因为我的现实生活就是我独自一人要养家糊口。我的丈夫是一位全职爸爸——如果你要问我的话，我可以告诉你，这是一份更辛苦的工作。

我们一起商量过这个决定，并且我们决定我做我的分内事，他做他的分内事。但是，事实上，由于做了这个决定，我们或许要削减33%的开销，因为比起我的男同事，他们挣1美元的同时，我只能挣到0.77元。

这意味着什么呢？意味着我们的孩子拥有更少的机会，我必须要比别人的工作时间更长一些来弥补差距，我才可以退休。还意味着每过一分钟我就增加了更多的痛苦和愤怒，这对我们所有人都是无益的。因此，一位妇女发现自己“落后”了是因为她没有信心去足够早地、用足够长的时间或者足够的努力去向前一步，或者是因为这种力量暗中反对她去变成一个底薪阶层，如果是这样的话，很重要吗？不。问题的根本原因既是格外的复杂，同时又是异常的简单。

妇女们缺少自信去向前一步，那么她们就永远地活在底层了吗？是的，它早早地源于我们的生活中。

每一位女性（男性）都会有一个故事。我也有我自己的故事。这是不是一个大多数人知晓的故事，最近我才愿意诚恳地谈起。我想我这样做是因为如今的我是如此的愤怒以至于不想去关注其他人是如何评价我的。

就像艾琳·多纳那样，我知道其他有权有势的妇女未能做更多的工作去帮助下一代的女性。令我心碎的是，一位女高管告诉我，我需要让自己变得更有魅力，否则要冒着被别人称为怨妇的风险。我在我的人力资源代表那儿已经听说过有一段时间了——她也是一位女性，因此我得知自己被别人评论着，但当事情真的发生时，我就变得心烦意乱。

艾琳·多纳告诉《纽约时报》说，尽管她遭遇到华尔街无形的职场障碍，但她还是希望自己可以更努力地工作去改变“现状”。

“我知道在企业机构里的高层女性会告诉你，我们认为我们已经做到了，因为我们适应了这种方式，并且我们能够毫无沮丧感地去适应这些规则。”多纳女士说。“或者说，我们已经学会如何适应这些规则，并且利用这些规则去发挥自己的优势，取得长期的发展。我认为我们只是不好的行为榜样罢了，”她还说道。“我们并没有让别人充分了解我们，以至于人们可以清楚地知道我们所做一切。”

就像桑德伯格那样，多纳认为妇女们应该挽住其他妇女。但是她也力劝下一代的高管女性要去做更多的工作。她告诉《纽约时报》:

“我只意识到当我 50 岁的时候发生的事情，因为那时候我仍在这里用我自己的方式投入到潜规则里去……我确实认为下一个大规模的趋势会来自高级的中层管理女性，她们必须能够立足于社会，并且比我更早地去被人们赋予期望。”

【资料：“男性工作领域里的女人”，安德鲁·罗斯·索金，纽约时报的金融博客，网络平台，2013 年 4 月 2 日】

我的导师临别前给我的建议，为她投入了 7 年的服务后，我是这间房间里唯一被寄予厚望的女人，并且指望我融入到他们当中去——“不要突显你的与众不同”意思是作为一名律师（大多数男性是工程师）我的所有物品都不能穿戴得太过华丽和耀眼（也就是我的结婚戒指），目的就是避免让男性同事感到不安。她是严肃的，我处于被称为婊子的危险中。

我整个人像是被镇压下来一样，在我职业生涯的大多数时候我都是感到不安的。这种不安感来源于我明知道我会输掉还是得努力去迎合这场游戏。这种不安感来源于，在被告知没有人像我那样可以完成这项任务后，我才耐着性子看完一份业绩评价表。“她能在一分钟之内处理好困难，就不可能多花掉几分钟的时间”这是我的其中一位导师最喜欢的一句——他是一位非裔美国人——但是，不知道是因为我“太好强”还是“太”什么的，他忽略了我的晋升机会。另外一句比较喜欢的句子是：我需要学习如何“让别人迎头赶上”。真的吗？什么玩意?!

我简直就是心烦意乱的。我已经向前迈进一步了，请求并接受分配在中国的工作任务。在这非常漫长的两年后，一个千辛万苦的旅程安排，并且在来自于美国“主队”极少的帮助下，我完成了目标，经历了绞尽脑汁地思考着建设一个新的团队，为建设发展的过程奠定了基础，发展当地国家的人才，并且让团队的成员做决定。因为我会支持他们，如果必要的话，万一事情出错了，我会带头承担责任。我的任务就是负责我们组织机构在亚太地区和非洲地区的所有可完成的项目。

当我到达的时候，没有一个专职的小组。由于我跟领导们交接谈判，然后得到了包括盐矿区之内的其他组织机构的预算才建立了这个小组的。负责管理那些组织机构的男性领导者们通情达理并乐意去为我们提供帮助。他们甚至更渴望去给我承担保证产品的认证这一任务的机会。

公平地说，相对于北美和欧洲的业务操作团队，亚太地区和非洲地区只是一个小小的运营团队。无论在政治还是在区域上，远远比不上北美和欧洲地区。不过最重要的还是携手合作，如果我们任何一个人都不把自己的经验分享出来，那么意味着什么也做不成。我们也接受各种各样形式的帮助。

我被下调了两个级别，是亚太地区和非洲地区的运营委员会最低级别的成员。一位中层经理每一周都会将议案交回给亚太区和非洲地区的主要跨国公司的执行总裁。在这房间里的三位妇女的其中一位，但她没有直接报告给执行总裁，尽管我有过直接把报告给两个公司高管的经历。一位是在美国，曾直接向盐矿区的执行总裁报告，另一位是在中国，直接向亚太地区和非洲地区的执行总裁报告。

在这张桌子旁，只有其中一位女性是高层领导。一点也不奇怪，她带领着人力资源部。（当第二位女性由于健康原因离开盐矿区的时候，她就代替着当上了一位领导层的女性，巧合性地直接为盐矿区的执行总裁效力已经有许多年了。）无论我是否有地位，我仍是我们“妇女组织”中的“执行发起人”。这只能增加我是一个骗子的感觉。并且，我讨厌被别人“加以修饰”，最为显著的是执行主管。

虽然我并不缺乏成就和领导力，我还是被召回美国，因为我不能够与以在美国的白人男性为主导的领导层和睦相处。整个领导团队都是男性。甚至代替我职位的那个人也是男性。在我现任的工作单位没有女性是高层级别的，而且低于这个级别的也没有女性员工。你必须再深入两个级别才找到一位女性。并且你在那儿也不会找到很多女性员工。

我不会处理好关系，说这句话的言下之意就是说我是“不随和的”、“太好强”并且“缺少魅力”。可以说，我收到这个消息的时候就像一个男人那样，坚定自己的立场。但是当我签署我的业绩评价表的时候，我就像一位律师，补充着我的反对意见。随后，我离开这座大楼，找到我的丈夫并哭了。

我责备这位就像艾琳·多纳那样的妇女，未能做好足够的准备去改变在这间会议室里妇女们的看法。在我看来，她假装就像男人一样否定着她们的女性看法，她这样做使我们感到很受伤。关于她们唯一的一件重要的事情，那就是她们可以提供男人不能够提供的一件事，那就是她们作为女人的经历。并且，只是一个有震撼力的体验。为什么她们要否认呢？

经过一些仔细的反思和治疗后，我不再对那些像艾琳·多纳那样的女性抱怨了，她们不断攀爬事业的阶梯，且永不回头。她们的成就是鼓舞人心的。她们没有规范手册或者地图。她们利用现有的技能和方法去攀登事业的阶梯。然而，在退休之前，她们在这些商务场所中，为女性权力留有后路，她们把它归功于她们自己，还有归功于我们这些“后补”的人可以勇于向性别歧视作挑战，甚至当我们“向前一步”的时候。

性别歧视是真实存在的，并且让你怀疑自己的一切，怀疑你所拥有的一切成就，怀疑你相信的一切事情。它让你怀疑这种歧视是否“都浮现在你脑海中”或者你是否对自己、是否对你的支持的事情、是否对你的人生态度持有扭曲的意识，从而产生巨大的自我怀疑。在最好的情况下，你会发现自己在处于底薪阶层，而在最糟糕的情况下，你会完全放弃，并发现你自己已经很受伤，如果这时有人给你足够的爱，会有助于治疗。

我不在乎你怎么称呼它。这种辩论是有益的。然而，不管你怎么称呼它，我已经承认了。我已经公开地在我工作的地方谈论性别歧视的问题，并且准备迎接一场暴风雨。最后，我知道了真相。我是善良的，我是聪明的，并且我是重要的。我也许只是不太受欢迎。

全球身份代号

2013 年 3 月

上海

时间已经到了，是时候要返回家中了。在跟盐矿区持久的谈判后，杰克和孩子们留在中国完成这 ·学年。“不迟于 4 月 1 日”我将返回美国。呃，不。

首先，4 月 1 日对我没用。其次，谁叫你是我的领导呢？再次，呃，不。

第一封电子邮件没有比较敏锐地给出建议，以至于我被上层决定在中国逗留多一个月的时间作为送给我礼物，尽管我还是要充当这位新同事的向导。你跟我开玩笑吗？说真的，在东南亚地区忙活许久就是为了给这位新代替我职位的同事做领路人，这未必就是我应得的礼物。我吞吞吐吐的（当我在澳大利亚的时候没有喝太多的酒），我将看不到我的丈夫和孩子们。离开了 9 天，周日晚上 10:00 到达，隔天早上坐车返回的时间是 6:15，然后直接前往泰国逗留超过 4 天的时间。开心。

我回复的话语并不中听：“我知道，对于盐矿产区来说，我只是一位持有全球身份代号的员工，但对于我的孩子们来说，我是一位母亲。对于我丈夫来说，我是一位妻子，并且我还是一个人。我们正筹备着在 4 月 1 日到 4 月 8 日期间复活节家庭度假旅行的事宜呢。4 月 15 日之前我会返回办公室。我想看看盐矿区没有我的这几天，会是怎么样的情况。”

第二封电子邮件来自人力资源部，提醒我关于要求我在 4 月 1 日的那天遣返回国的相关“种种条款”。这是错的。

这次的回复比上一次的更严肃：“严格按照事实规定来说，在 6 月 30 日之前，我不会被遣送回国。根据我在中国的工作签证，我和我的家人都会留在中国。于是，在 6 月 30 日之前，我仍然是中国有限公司盐矿产区的一名员工。没人要求我在 4 月 1 日就要返回美国。此外，我的原合同上的“条款”写着给我完成任务的时间是 3

年，而不是2年。所以，再一次说明，我会在4月15日之前达到美国。”

第三封电子邮件的建议是，除了我和家人举行复活节的家庭度假外，还可以享受额外的假期。这次我觉得不用回复了。我之前已经弄清楚了。

盐矿区不再对我发号施令、任意指挥或者控制我的生活。可笑的是，都已经到这个份上了，是我教会盐矿区用这种方式对待我的。我未能设定界限，或者说，我未能尊重我努力设定的界限。为什么？因为我不认为自己是有价值的，除非盐矿区认为我有。至少，这样会使人心绪不宁。

老实说，我不敢相信自己有勇气地把这些事情如此艰难地咽下去。然而，我认为我已经到达了极限。嗯，不久前我已经达到了极限，如今，我已经不在乎了。我真的不再关注其他人对我的看法。我已经用了30年的时间，心理治疗、药物治疗，还有两次“当场失控并痛哭”的经历，但我最后再一次感到还是要做回“自己”。

我的灵魂在燃烧。

泳池边的会谈

2013 年 4 月

菲律宾，宿务岛

你从来都不会预想到机会在哪一天找上门来。而今天，有这样一个机会让我们的孩子可以沐浴着宿务岛的阳光，同时可以在巨大的游泳池旁尽情聊天。两位了不起的女人跟我们的儿子和女儿在聊天。有两位魅力无穷的女士正跟我的孩子们聊天呢。你知道接下来发生什么幸运的事情吗？那就是我们会见了两位拥有着非凡成就的女人，她们都是来自菲律宾国际机会组织的成员。她们来这里是为了改变她们的传统生活。

这次国际机会组织开展的资金募集活动的主题具有巨大的意义："在一个妇女身上投入资金。你会受益良多。"她们"提供了小额贷款、储蓄救助、保险费，并且在一些发展中国家，她们指导着超过四百万人通过努力而摆脱贫困。”如今，这件事是值得去做的。难道你不觉得吗？【自己可以登录并查看网址：www. opportuniy. org】

真正引起我的兴趣的是，在一个妇女身上投入资金，你会受益良多这一概念。在妇女们身上投资意味着你对她们的孩子和她们生活的群体寄予希望。当你把资金投入到妇女们身上，她们使用这笔贷款的方式和男人们的不同——妇女们使用所得到的利益用于她们的家人，以及用于她们共同生活的群体，这种情况的比例是高于男性的，这样做的话，会让世界变得更美好。

就仅仅在昨天，我还写着关于平等的含义，不要让它停止时代的进步。辩论是好事，我喜欢辩论。毕竟，我是一名律师，我是靠辩论来生活的。然而，我并不喜欢那冗长的辩论。国际机会组织就“一位妇女”的问题富有哲理性的辩论，为妇女们这商业的案例而辩论。我意思是什么呢？

通常当你跟一些跨国公司谈论关于把资金投进妇女身上或者赋权给妇女们，不管是他们内部自己的决定还是通过外面的组织机构提供资金，去致力于发展和授权给妇女们，你会听到“我们很高兴能够为您做这件事”，但这样的交易却不是基于核心和实质的。换而言之，商业的案例在哪里？妇女们就是商业的案例。

如果你想要证据，那我们就来看看一下的调查研究数据吧。在大型企业里，董事会的妇女的业务管理能力胜过所有同行的男性。超越。超越了多少？超越了 26%。

【资料：“性别的多样性和企业的绩效”，来自瑞士信贷研究所的报告，2012 年 8 月】

比起男人，妇女们有着不同的生活经历。妇女们比男人们有着更广阔的视野。妇女们关注的那些事是男人们并不在乎的，或者在同等的热情下，男人们不关注的事情，妇女们在乎。妇女们用不同的方式分享出来。妇女们关注着经济，并且她们能够和任何一位男人一样，争辩出朝鲜人服饰的细微差别，但她们也关注于孩子们，人口贩卖和贫穷等问题，男人们则认为这些看法和观点对于每一个企业来说都不重要的。

这些企业仍然认为帮助女性是“很乐意做的事情”但并不是“必须做的事情”。这种看法的改变也许不会发生在接下来的 10 年，但近期将会发生。为什么这样说呢？因为全世界的妇女们正变得越来越强大，并且她们会记住谁帮过她们。投资到一个妇女身上，会受益良多。别落后了。

春天的宿务岛

2013 年

菲律宾，宿务岛

我沐浴着阳光，在海边坐看潮起潮涌。耳边听着法国的音乐（我爱巴黎……）。一阵微风，带着沙子和盐水的味道，迎面吹拂过来。太阳刚刚升起，这里没有一个人，只有你和我。

阳光伴随着我们在宿务岛度过了最后的一个春季假日，随后我又开始回归到现实生活中去。春天是万象更新的季节，我希望它会给我们带来一些新的希望。仅仅是单方面的祈祷并不会令愿望实现，只不过是翻开日历新的一页，期望着四月份的明尼苏达州不会下暴风雪。如果要在春天繁荣茂盛，就必须要在土壤里辛勤地种植，给播下的种子浇水，并除去杂草，因为这些杂草会阻碍种子的生长。

在我面前是浩瀚无垠的大海，却见不着海滩。我们远离着家人和朋友们。但是我们比曾经在一起的时候更加亲密。俯瞰着那看似浩瀚无垠的大海，忽然涌起很多希望。或许大海代表着无穷无尽的希望？就像我的花园，在这海上航行需要专注力和奉献精神。波浪汹涌的海面，不可预测的风向，还有那些满腹牢骚的船员都很容易使船只沉没。

这是不确定的。

没有一张地图，很少人能够勇于面对未来。我们想知道我们将会去哪里，我们就必须绘制航向。我考虑到我的几个孩子在这几个月来一直都处于不稳定或者不确定的状态下去生活，感觉今年冬天是冷酷无情的。从某种意义上来说，我们进入了像天堂一般的春天，充满着阳光海水，我们和大自然融为一体。我享受着现在的每一分每一秒。春天的辛勤耕耘仍然放在首位。

我会耕种土地，然后小心呵护着我的种子。播种的种子会有大丰收吗？最终会的。我必须要注意我自己的渴望，与我们的孩子的这种确定性和稳定性的渴望相平衡。

我感觉在某些方面，我们已经回到了原点。我们的旅程开始于巨大的不确定性、恐惧性和刺激性。我们将会结束本章并且开始以同样的方式开始下一章节。我们所有人都充满着恐惧和兴奋，失望和期盼，悲伤和思念。

今年冬天比我们预期中更寒冷更漫长。我们每一个人的心灵上都留下了创伤。宿务岛温暖着我们的身体，并融化了我们心灵上的冰块。我们经历过的创伤就会脱落，变成人生的经验教训。不管是否准备好，我们即将踏上前方的旅途。而且我们会采取下一步的计划，我们现在已经理解了一家人团结互助的含义。我们对即将到来的旅途毫无畏惧，因为我们知道——我们确定——沿途上，我们每一个人都会扶持和帮助另外一个人。从我们在天堂里的栖息地来看，大海是平静的，但我们知道暴风雨即将来临。我们还是仍然向前挺进。

或许你也会跟我们一起向前挺进。我希望如此。

后记

暴风雨：可怕又猛烈的暴风，特别是伴随着雨、冰雹或者雪一起，猛烈地爆发，混乱而骚动。一位老诗人说过“煽动这种猛烈。”当然，莎士比亚给暴风雨赋予的是一张生动的面孔。

我想在我们每一个人的心里都会有一番风起云涌的状态。每一个个体都会强烈地去关心或者关注某些事情、某些问题、某些原因、某些人和某些值得重视的事情。在过去的24个月里，我的旅程导致我意识到了一些事情。它唤醒了我内心的暴风雨并且我能够感觉到，风暴来临前夕的那种膨胀感。有时候，直到被戳开，这种暴风雨才被激起。戳开这种暴风雨是一种危险的游戏。

一旦被唤醒，这种暴风雨可能是变幻莫测的。我感觉到有一种漩涡式的风围绕在我的内心或者在我周围。这种暴风雨在我身上酝酿着，并且似乎也在别人身上酝酿着。如今，暴风雨在上升，在提高，并准备压倒那些还不知道她正变强大的人。唤醒这种暴风雨可能是一种崇高的目标。

谈话已经开始，争论也开始了。但这种特殊的暴风雨最终会被卸下，因为还没有被断定。令人愉快的是能够看到这种暴风雨翻滚并越过平静、安全和遥远的海平面。在岸边停留下来比较安全。这种暴风雨除了颜色、光与声的这种美丽的交汇之外，并没有什么。

尽管看起来很安全，海岸只不过是自满的避风港甚至更糟。那些在海岸上的人，经常能够看到漩涡式的暴风雨，但却未能打压住。其他人努力去和暴风雨作斗争，运用策略击败她，防御她或者捕捉她，然后将她放进茶壶里。

但我内心的暴风雨没有那么容易被驯服。暴风雨不会沉淀下来，她不会使自己平静下来。她想发怒，大发雷霆并且想要去斗争。这种风暴的摩擦力，尽管经常被认为是有破坏性的，却能够给我们带来新的生活。我希望这种暴风雨能够猛烈些，将会给我们指明一条新的道路，点燃新的光明。

这种持续不断的斗争最终会结束的。这种猛烈的暴风雨最终会逃之夭夭的。她会云游四海，因为她要在这过去的几个月里聚集她的勇气，寻找她的愿望。前面的道路无法预测，即使能够，我不会找地图来寻求帮助的。这样的话会破坏所有的乐趣。这种暴风雨一旦被戳开了，就会被毁坏了。

我的旅程还要继续。你可以访问网站：www. jennifergilhoolink. com 上随时找到我，无论我到哪儿。

致谢

当你想表达自己内心强烈的情感却遭遇词穷的时候，你会如何致谢呢？让爱传出去吧。在沿途中那些帮助过我的人，我会把自己的爱传递给他们。把爱传递的乐趣会让我微笑，哈哈大笑并且延伸到快乐的旅途中，你们每一个人在我的生命中都有着重要的影响。

由于当自己用尽全力地投入到所有东南亚的业务工作上时，杰克、简、亨利和贝拉帮助我，并提供如此多有用的材料，使这个旅途成为可能。妈妈和爸爸，就更不用说爸爸妈妈了——因为是你们辛苦把我抚养成人。比尔和南希，你们把一个有能力去爱我的男人抚养成人，并且我会永远地感恩于你们。

迪尔德丽·乔伊·史密斯动用了一系列的关系去鼓舞着我，令我勇气去分享我的故事。迪尔德丽，谢谢你。并且感谢盖尔·埃文斯、赛琳娜·雷兹瓦尼、盖尔·罗梅罗和约翰·威廉姆斯。

当我需要一位跟我毫无血缘关系或者密切关系的人告诉我，我是有价值的，鲍勃·坎特摇摇我的肩膀并让我明白了些道理。你帮我找到了发言权，并且把我从那些困扰中拉出来，从而让我的人生迈进了一大步。相信是你那可靠且坦诚的信息反馈，帮助我越过了自我限制的这一道坎。

惠特尼·福尔德·斯莫尔鼓励我去写作，让我知道，这是可以做到的。每个人都需要一位好密友。谢谢你一直都是我的好伙伴，并且引导着我去克服这一困难的过渡时期。你很有潜力去成为一位世界级的调酒员（如果你想遵循这条路一直走下去的话），而且你已经是一位大好人了！我爱你！

珍妮特·汉森给机会让我发表自己的博客到福布斯的网址上去。当我写到这里的时候，我还没有跟你面对面交谈过，但这就是让爱传递这种观念的一个证明。你帮助我无非就是因为你能够，并且你选择去帮我。玛德琳·奥尔布赖特会为你感到骄傲，珍妮特。你是一位励志的人，而且让妇女们知道如何帮助并授权给其他的妇女，你就是一个最好的例子。在此低调地感激你。

蒂姆·昆兰，分享了他的经历。谢谢你接电话并且分享了如此重要的建议——关于法律还有其他等等。保罗·马祖卡托，在以前，是他来给我提供建议的，一个令人鼓舞的人，并且还是一位无可替代的朋友。谢谢你告诉我，我也有发言权。

吉利恩·马伦——穿着女式短裤的大姑娘。芭芭拉·伦茨——喝着龙舌兰酒，吃着脆米饼干，充满智慧地在温斯顿塞勒姆市里度过一个美妙的周末。安德里拉·费拉拉，从比利时到亚特兰大，你总是帮助我。爱你们所有人。并且，本和哈利，我也爱你们。我是不会忘记你的，迈克·史密斯，谢谢你借给我鱼钩，并且你还负责烹饪，点燃营火，让我有时间去闲逛。

苏和斯科特·雷德科尔介绍我到屋顶的天台上去品尝令人惊叹的波旁威士忌酒，并且让我知道如何正确地到达宜家。你还会问些什么呢？奈杰尔和乔安娜·普莱斯耐心地听着我的抱怨，并且跟我和杰克一起品尝着醉人的美酒。奈杰尔，谢谢你给我们做的所有美味的食物。

围绕在充满食物、美酒和朋友的餐桌旁，时间总是流逝得非常快——谢谢你们！

丽莎·怀尔德，她是我的编辑，谢谢你的耐心还有你那敏锐的眼光。兰达·曼苏尔，她是我的插图画家——哇！罗曼·吉尔，我的电子书专家，如果离开你的话，我很有可能会迷失自我。还有感谢惠特尼·福尔德·斯莫尔。技术方面不是我擅长的。

特别感谢胡林群医生，尤兰达·王和在南京的妇女们。感谢金姆·鲍登、亚岱尔、唐娜·克莱利、莎拉·哈蒂、苏西·布莱德菲尔德、苏菲亚·庄、龙纳·罗、佐藤巴伦和玛格·迪华奥。JMO，上恩和苏利文，无法用语言表达我对他们的感激之情。你们使我明白了原来我自己也有一份激情，我是有价值的，比起其他人的评价，我更相信我自己。谢谢你们让我走进你们的生命中，并且与我分享你们的经历。

法伊夫——谢谢你将我们在中国的旅程甚至生活中的琐事记录下来。你是我的全部。

最后，达美航空公司。尽管第一次的旅途是艰辛的，你们无数次载着我和我的家人环游世界。尽管这是一个艰苦的开始，你们总是准时运行，贵公司的机师和全体成员都很专业并且他们都是乐于助人的，每一次我们都是健康平安地到达目的地。今天我们仍然选择坐上达美航空公司的飞机！